基于生态学理论的城市园林景观设计研究

李 静 著

北方文艺出版社

哈尔滨

图书在版编目（CIP）数据

基于生态学理论的城市园林景观设计研究 / 李静著
. -- 哈尔滨：北方文艺出版社，2022.3
ISBN 978-7-5317-5480-0

Ⅰ . ①基… Ⅱ . ①李… Ⅲ . ①城市 - 园林设计 - 景观
设计 - 研究 Ⅳ . ① TU986.2

中国版本图书馆 CIP 数据核字 (2022) 第 034475 号

基于生态学理论的城市园林景观设计研究
JIYU SHENGTAIXUE LILUN DE CHENGSHI YUANLIN JINGGUAN SHEJI YANJIU

作　者 / 李　静
责任编辑 / 张　璐　　　　　　　　　　封面设计 / 汇文书联

出版发行 / 北方文艺出版社　　　　　　邮　编 / 150008
发行电话 / (0451) 86825533　　　　　经　销 / 新华书店
地　址 / 哈尔滨市南岗区宣庆小区 1 号楼　网　址 / www.bfwy.com

印　刷 / 三河市元兴印务有限公司　　　开　本 / 710mm×1000mm　1/ 16
字　数 / 196 千　　　　　　　　　　　印　张 / 13.25
版　次 / 2022 年 3 月第 1 版　　　　　印　次 / 2024 年 4 月第 3 次印刷

书　号 / ISBN 978-7-5317-5480-0　　　定　价 / 48.00 元

前　言

随着城市可持续发展理念的提出，生态理念被引入城市建设中，并指导城市生态环境保护的建设和实施。生态理念在景观设计中的广泛应用，使生态城市景观设计得以实现并逐步成为一种设计趋势。目前，生态主义已经成为许多景观设计师设计时的重要考量。那么，在实践的过程中，应该深入贯彻落实科学发展观的要求，在景观设计的时候应该注重城市生态的内涵，进行生态城市规划、生态城市设计和生态城市建设。生态城市景观设计是以实现城市生态化目标，较好地体现不同城市拥有的城市生态环境、城市文化、城市形象和城市风格为基本出发点和归结点的城市园林景观设计。

本书基于城市可持续发展理念，深入探究了生态学理论下的城市园林景观设计。第一章和第二章分别阐述了城市生态园林景观的内涵和城市生态园林景观设计，对城市生态园林景观的结构、动态变化等进行了详细介绍，并进一步论述了城市生态园林景观设计的发展、构成要素、形式等，为后文的论述做了理论铺垫；第三章至第五章分别从城市居住区景观、道路广场景观、公园景观等方面展开介绍，全面而又详细地论述了现代城市生态园林景观可持续设计的具体内容，理论结合实际，思路清晰，论述准确，是对前文理论部分的进一步运用，以期推动我国城市生态可持续发展。

生态理念以人与环境的动态平衡为目标，表现为历史和现实的双重联系，其直接动因是对当下环境恶化的反省和行动。随着对生态理念的理解的深入，生态设计需要对体系结构和建成环境赋予新的含义，这种体系结构既能实现绿色环保，又能实现可持续发展。舒适健康的人居环境建设已经成为人们追求的共同目标，风景生态应用设计及其相关知识在城市生态环境建设、园林绿化建设中的重要性已日益凸显出来。"生态"是现代城市环境建设的主要任务之一，也是今后人居环境和园林建设发展的主旋律。

目　录

第一章　城市生态园林景观概述

第一节　城市生态园林景观结构

景观结构是指不同生态系统或景观要素之间的空间关系，即与生态系统的大小、形状、数量、类型和空间配置相关的能量、物质、物种的分布。生态学研究中的等级结构、尺度效应、时空异质性、干扰作用及人类活动的影响等均与景观结构密切相关。景观结构的基本组成要素包括斑块、廊道、基质，它们在空间上的配置所形成的镶嵌格局即为景观结构。

一、斑块

由于研究对象、目的和方法不同，不同学者对斑块的理解也有所差异。S. A. 莱文（S. A. Levin）和 R. T. 佩因（R. T. Paine）（1974）认为斑块是"一个均质背景中具有边界的非连续性的连续体"；J. A. 威因斯（J. A. Wiens）则将斑块定义为"一块与周围环境在性质上或外观上不同的表面积"。J. 拉夫加登（J. Roughgarden）（1977）认为斑块是"环境中生物或资源多度较高的部分"；而 R. T. T. 福晏（R. T. T. Forman）和 M. 戈登（M. Godron）（1986）强调小面积的空间概念，认为斑块是"外观上不同于周围环境的非线性地表区域，它具有同质性，是构成景观的基本结构和功能单元"；邬建国等（1992）认为上述定义缺乏普遍性和概括性，而把斑块定义为"依赖于尺度的、与周围环境（基底）在性质上或外观上不同的空间实体"。可以看出，所有定义均强调了斑块的空间非连续性和内部均质性。

根据斑块的起源和成因机制，斑块可分为以下四类：

（一）资源环境斑块

它是由于资源环境的空间异质性及镶嵌分布规律形成的，如沙漠中的绿洲、石灰岩地区的低湿洼地等。由于资源环境分布的相对持久性，这些斑块

也相对持久，其周转速率较低。

（二）干扰斑块

它是由于基质内部各种局部干扰形成的，如火灾、泥石流、雪崩、大型动物的践踏和其他各种自然变化也都可能形成干扰斑块。同时，人类活动也能产生干扰斑块，如森林采伐、草原开垦、矿山开采等，都是广泛分布的干扰斑块。

（三）残存斑块

残存斑块的成因与干扰斑块刚好相反，它是在受干扰的基质内的残留部分，如火烧景观中残留的植被斑块、土地开垦中林地或草地的残存斑块等。残存斑块与干扰斑块具有很多相似之处，都是起源于自然或人类的干扰，具有较高的周转速率。

（四）引进斑块

它是由于人类将生物引进某一地区而产生的斑块，包括种植斑块和聚居地斑块两类。种植斑块内物种动态和周转速率取决于人类的管理活动，如不进行管理，基质的物种就会侵入斑块，并发生演替，致使斑块消失。

斑块化是自然界普遍存在的现象，是环境和生物相互影响、协同进化的空间结果。研究斑块的结构和动态对生物多样性保护和干扰扩散等方面的研究具有重要意义。斑块的结构特征包括斑块大小、斑块形状和斑块镶嵌等。

二、廊道

廊道是线性景观单元，具有通道和阻隔的双重作用。几乎所有的景观都会被廊道分割，同时又被廊道连接在一起。廊道的结构特征对一个景观的生态环境有着强烈的影响，廊道能否连接成网络，廊道在起源、宽度、连通性、弯曲度方面的不同都会给景观带来不同的影响。

廊道可划分为以下五种类型。

第一，干扰廊道。由带状干扰所致，如线性的采运作业、铁路、公路、输变电通道等。

第二，残存廊道。是周围基质受到干扰后的结果，如采伐森林所留下的狭窄林带。

第三，资源环境廊道。是由资源环境在空间上的异质性线性分布形成的，如河流廊道和沿狭窄山脊的动物路径。

第四，种植廊道。是由于人类种植形成的，如防护林带、绿化带等。

第五，再生廊道。是由受干扰区内的再生带状植被形成的，如沿栅栏长成的树篱。

廊道的结构特征常用曲度、宽度、连通性等指标来描述。曲度的生态意义与生物沿廊道的移动有关，廊道越直、距离越短，生物在景观中两点间的移动速度就越快，而经蜿蜒曲折的廊道穿越景观则需较长时间；宽度变化对物种沿廊道或穿越廊道的迁移具有重要意义；连通性是指廊道如何连接或在空间上怎样连续的量度，可用廊道单位长度上的间断点数量表示，廊道有无断开是确定通道和屏障功能效率的重要因素，因而连通性是廊道结构的主要指标。

廊道与斑块具有相同的形成机制，其重要的一个特点就是连通性或间断点的存在。廊道两侧环境梯度变化明显，宽度效应对廊道的性质起重要的控制作用。廊道分为线状廊道、带状廊道和河流廊道三种，线状廊道很窄，主要由边缘物种组成；而带状廊道较宽，其中心地带有较为丰富的内部物种；河流廊道可调节水和物质从周围向河流的输送、侵蚀、径流、养分流、洪水、沉积作用和水质均受河流廊道宽度的影响。

三、基质

基质是景观中面积最大、连通性最好的景观要素类型，它对景观的功能起决定性作用，影响景观的能流、物流和物种流。

通常基质的判断标准可以从以下三个方面来把握：

第一，相对面积。面积最大的景观要素类型往往也控制着景观中的流，通常基质的面积在景观中最大，超过现存的任何其他景观要素类型的总面积，基质中的优势种也是景观中的主要种。

第二，连通性。基质的连通性较其他现存的景观要素高。

第三，控制程度。基质对景观动态的控制程度要较其他的景观要素类型大。

四、景观异质性与景观空间格局

景观异质性是许多生态过程和物理过程在空间和时间尺度上共同作用的产物，产生异质性的主要原因有自然干扰、人类活动、群落的内源演替及其特点、发展历史等。异质性分析主要侧重于以下三个方面。

第一，空间异质性。即景观结构在空间分布的复杂性。

第二，时间异质性。即景观结构在不同时段的差异性。

第三，功能异质性。即景观结构的功能（如物质、能量）及物种等在空间分布上的差异性。

景观空间格局是指景观要素在空间上的配置，是景观异质性的具体表现，同时又是包括干扰在内的各种生态过程在不同尺度上作用的结果。从结构上看，景观空间格局分为点格局、线格局和网格局，点格局是指景观类型的斑块大小相对于它们之间的距离要小得多的一种空间分布形式；线格局是指景观要素呈带状的空间分布形式；网格局则是点格局与线格局的复合体。从景观要素的空间分布关系来看，景观空间格局可分为均匀分布格局、聚集分布格局和特定组合分布格局。景观空间格局是环境资源空间异质性的具体表现，同时也反映了干扰活动的长期效应，决定了景观生态学过程的速率与强度。同时，景观空间格局又具有明显的尺度效应，任何格局都是在特定尺度上的格局，没有尺度就无法定义景观空间格局。

第二节　城市生态园林景观动态

景观变化的实质是景观的结构和功能随时间所表现出的动态特征，也称景观动态。这种变化不仅来源于景观本身，也受到自然因素和人为因素的影响。景观变化一方面可以是一个规律性的、相当缓慢的过程，人们在一定程度上感觉不出这种变化；另一方面也可以表现为突发的、非规律性的灾变，如各种自然灾害和人为灾害。

一、景观稳定性的概念

景观无时无刻不在发生着变化，绝对的稳定性是不存在的，景观稳定性只是相对于一定时间和空间的稳定性。景观是由不同组分而成的，不同组分稳定性的不同，共同影响着景观整体的稳定性。另外，景观要素的空间组合也影响着景观的稳定性，不同的空间配置影响着景观功能的发挥。因此，人们总是试图寻找或创造一种最优的景观格局，保证景观的稳定和发展并从中获得最大效益。然而事实上，人类本身就是景观的一个有机组成部分，而且是景观中最复杂、最具活力的组分，景观稳定性的最大威胁恰恰是人类活动的干扰，因而人类同自然的有机结合是保证景观稳定性的决定性因素。

稳定性一直是生态学中十分复杂而又非常重要的问题。生态系统稳定性的概念很多，使用频繁，但由于人们往往从不同角度对其进行发展和补充，许多概念看起来相似，却有区别，容易引起混淆。具体概念如表 1-1 所示。

表1-1 生态系统稳定性概念

稳定性概念	含义
恒定性	生态系统的物种数量、群落的生活环境的物理特征等参数不发生变化。这是一种绝对稳定的概念，在自然界中几乎是不存在的
持久性	生态系统在一定的边界范围内保持恒定或维持某一特定状态的历时长度，这是一种相对稳定的概念，且根据形容对象不同，稳定水平也不同
惯性	生态系统在风、火、病虫害，以及食草动物数量剧增等扰动因子出现时保持恒定或持久的能力
弹性	生态系统缓冲干扰并保持在一定阈值内的能力，也称恢复性
抗性	生态系统在外界干扰后，产生变化的大小，即衡量其对干扰的敏感性
异性	生态系统在扰动后种群密度随时间变化的大小
变幅	生态系统可被改变并能迅速恢复原来状态的程度

二、城市景观动态及影响因子

景观动态是景观遭受干扰时出现的现象，是一个复杂的、多尺度的过程，对绝大多数生物体具有极为重要的意义。景观动态是景观结构和功能随时间变化的过程，包括不同组分之间复杂的相互转化。

（一）城市景观动态变化

城市景观动态变化研究是目前景观设计中最受瞩目的研究领域，其重点是弄清在特定社会经济发展背景和资源条件下，城市建设用地的膨胀规模、时空分布特征和景观格局重建特点，研究城市景观与周边其他景观类型之间的相互作用和影响，探讨其动态变化的过程特点和内在驱动机制，预测未来的发展走向和可能遇到的约束问题，为城市发展进程设计和景观整体规划提供科学的决策依据。

人类活动对景观变化的影响方式包括土地利用、大型工程建设、城市化规模扩展等方面，不合理的土地利用将直接造成土地覆盖变化，导致地表下垫面改变，从而导致大堤、人工开凿的运河等线状工程的质量下降；相邻点状工程扩展连接、镶嵌形成大的集群或斑块，如大城市群给地区生态环境带来影响；城市化规模扩展，包括乡村城镇化、城市巨型化和城市区域化，给人类带来巨大经济和社会效益的同时，也带来许多生态环境问题，如干旱、洪水、土地沙漠化、泥石流、酸雨、赤潮和疾病传播等。

城市景观动态变化包括城市景观空间动态变化和城市景观过程动态变化两类。

城市景观空间动态变化一般分三类：城市斑块动态变化，包括斑块数量、大小、类型的变化。城市用地变化的空间模式，包括边缘式、单核式、多核心、廊道式等。城市空间属性的变化，如破碎度、复杂度、多样性、等级特征等。

城市景观过程动态主要表现在人口、经济、技术、政策的变化等方面。

第一，人口因素。人口增长和人口结构变化影响系统功能流的输入量、输出量及系统功能流的类型的变化，其中年龄结构、贫富人口比例及文化水平的差异具有重要影响。例如，文化水平的差异影响人自身生产和消费需求，进而影响系统功能流的变化。

第二，经济因素。经济增长扩大了对系统功能流输入的需求，并增加了系统功能流的输出；经济结构，尤其是产业结构的变化导致能量的重新分配和输入输出流的变化；经济水平的提高也引起居民对产品和居住环境需求的变化，导致系统物质、能量和人口流的变化。

第三，技术因素。科学技术进步，包括新的运输（通信）技术，提高了系统功能流的吸收率和传输率。

第四，政治经济体制及决策因素。政府规划和政策对系统功能流的变化起着控制和引导作用。

（二）城市景观动态影响因子

城市景观动态影响因子一般可分为两类：一类是自然因子，一类是人为因子。自然因子常常在较大的时空尺度上作用于景观，它可以引起大面积的景观变化；人为因子包括人口、技术、政治经济体制、政策和文化等因子，它们对景观的影响十分重要，但对于它们同景观作用的方式、影响景观的程度，以及进一步确定它们和景观之间关系的方法，还有待进一步研究。

自然因子主要指在景观发育过程中，对景观的形成起作用的自然因素，如地壳运动、流水和风力侵蚀、重力和冰川作用等，它们可以改变景观的外貌特征；景观的变化伴随着生命的产生、植物的演替、土壤的发育等过程；山火、洪水、飓风等自然灾害也能够引起景观大面积改变。而在景观的动态变化中，自然和人为因素的作用经常是交织在一起的，人既是生物的一部分，又是基因和环境的导向因子，在地球的各个角落，几乎每一寸土壤、每一处植被都打上了人类活动的烙印。

在人为因子的作用下，景观的变化主要表现在土地利用与土地覆盖变化。土地利用本身就包括了人类的利用方式和管理制度。城市景观大致由两个景观元素组成，即街道和市区，其中零星分布有公园和其他不常见的景观特征。城市的空间结构一般存在三种模式：第一，同心圆模型，各区依次环绕中心商业区，各方向大体相似；第二，楔状扇形模型，某种特定类型区往往从中心商业区延伸到市区边缘，所以城市的不同方向有不同区域；第三，多核心模型，围绕中心商业区形成一个不对称的镶嵌结构。

土地覆盖是与自然的景观类型相联系的，很少有动植物能在现代城市中繁衍生长，生物系统的物种总是因人类的需要而发生两极分化。广阔的街区廊道网络贯穿整个城市景观，形成密度大且面积相近的引进斑块群。偶尔出现的河流廊道、城市小片林地、运动场、墓地，对生物群落的生长都是重要的因素。

此外，人为因子还包括城市规模的影响，尤其是近年来特大城市的发展，给城市景观的变化带来了较大影响。特大城市是指城市向四周持续不断地扩展，形成许多被郊区包围的城市，特大城市化的结果是形成巨大的城郊景观，郊区内的小城市中心只是一种特殊类型的景观元素。特大城市绝不是处于稳定性的顶峰上，由于特大城市的输入与输出都很大，它比其他任何景观更具有依赖性，需要大量化石燃料来维持其正常运转。

总结从自然景观到城市景观的空间格局特征的变化，可以得出如下发展趋势：引进斑块增加，干扰和环境资源斑块减少；斑块密度增大，形状日渐规则，面积变小；线状廊道和网络增加，河流廊道减少；等等。

第二章　城市生态园林景观设计

第一节　城市生态园林景观设计的发展

一、城市园林景观设计概述

（一）城市景观设计的概念

1. 地域景观

地域是一个学术概念，是通过选择与某一特定问题相关的诸特征并排除不相关的特征而划定的地区。费尔南·布罗代尔（Fernand Braudel）认为，地域是个变量，测量距离的真正单位是人迁移的速度。

地域通常是指一定的地域空间，是自然要素与人文要素作用形成的综合体。一般有区域性、人文性和系统性三个特征。不同的地域会形成不同的"镜子"，反映出不同的地域文化，形成别具一格的地域景观。这里所说的"一定的地域空间"也叫区域，其内涵包括：①地域具有一定的界限；②地域内部表现出明显的相似性和连续性，地域之间则具有明显的差异性；③地域具有一定的优势、特色和功能；④地域之间是相互联系的，一个地域的变化会影响到周边地区。因而，地域主要指的是一个地区富有地方特色的自然环境、文化传统、社会经济等要素的总称。一个"地域"是一个具有具体位置的地区，在某种方式上与其他地区有差别，并限于这一差别所延伸的范围之内。

鉴于景观概念的宽泛性和景观类型的区域性特点，针对景观的研究必须限定于特定的方面和区域才有实际意义。地域景观是指一定地域范围内的景观类型和景观特征，它与地域的自然环境和人文环境相融合，从而带有地域特征的一种独特的景观。

法国设计师马修·勒汉诺（Mathieu Lehanneur）完成了首个城市数码港开发项目"埃斯卡勒·纽梅里克"（escale numérique）。这个项目是在一个小亭子样式的屋顶覆盖一层植物，让人联想到公园里大树的树冠，屋顶下方设计了几个座椅，座椅就像大树下冒出的几朵蘑菇。这些用混凝土制作的公共座椅上还配备了迷你桌板和为笔记本电脑提供的电源插座。同时，在亭子的中心位置还有一块触摸屏，上面将实时更新各种城市服务信息，如交通指南、新闻、为参观者和旅游者提供的互动标识等。这个设计从顶部看将获得更好的效果，它也将成为一种全新的城市建筑语言。这款小型的城市"绿岛"数码港将安置在城市的各个角落，成为城市建筑的一个新鲜元素，也成为景观艺术的创新设计。

2. 城市景观设计

城市景观是指具有一定人口规模的聚落的自然景观要素与人文景观要素的总和，它是由城市范围内的自然生态系统与人工的建筑物、道路及其附属物构成的空间景象，是物质空间与社会文化等多种复杂因素互动所显现出的表象。城市景观具有丰富的内涵，现代的城市景观设计主要包括以下四个部分。

（1）城市中心的景观设计

现代城市中心一般都与商业中心及重要建筑群紧密相连，所以城市中心的景观设计尤其重要，甚至可以说是衡量一个城市发展水平的重要指标。虽然这些区域面积一般都不大，但是要设计出好的作品并非易事。

（2）街道的景观设计

街道是贯穿整个城市的生命线，具有一种整体的脉络特征。街道的景观设计也对整个城市的景观设计风格产生一定的影响。

（3）城市开放空间的景观设计

城市开放空间主要是指在城市中相对而言比较大型的开放空间，如广场、城市公园等。

（4）社区公共空间的景观设计

如今，社区公共空间是人们活动最为频繁的区域，国外早就对社区公共空间的景观设计进行了极为密切的关注。例如，北京王府井大街上的雕塑，以各种人物造型和带有文化特点的雕塑形象丰富了王府井大街的文化氛围，同时也增加了王府井大街商业环境的艺术空间，成为北京商业繁华地带的标志。北京作为元明清等朝代的都城，是我国的政治、文化、艺术中心，现代刻画艺术家将这些时期的代表人物、文化标志雕刻出来，既展示出不同时期人物的装束造型，也弘扬了中华民族悠久的历史文化。传统文化与现代艺术结合在一起，展现出北京新旧时期艺术风貌的变化。

（二）城市景观设计的分类及特征

1. 城市景观设计的分类

从自然景观特征和人文景观特征两个不同层面考虑，城市景观设计可以有多种分类方法，可以从历史、地理位置等角度来划分。

（1）历史角度

每一个城市的成长都伴随着人类历史的发展，因而它的结构、形式和城市内容都会与历史产生关联，并能深刻地反映出不同历史时期的城市特性，从而呈现出不同历史时代背景下的各种城市景观。这种体现历史性特征的城市景观因为历史时间的不同而具有明显的时代差异，且这些差异是显而易见的。从不同的历史时代背景及历史发展的角度，对城市景观进行分类，分为古代城市景观、近代城市景观、现代城市景观及当代城市景观。

（2）地理位置角度

从地理位置角度对城市景观进行划分的依据是一个城市所在的自然地理位置。每一个城市所处的自然地理位置都不一样，因而其自然条件，如气候特点、地形地貌等也不尽相同，从而对城市景观产生不同的影响，导致城市景观之间存在地域性差异。所以从地理位置的角度进行划分，可以分为平原城市景观、山地城市景观、滨水城市景观、草原城市景观等。

2. 城市景观设计的特征

受到构成要素及各要素之间复杂关系的影响，使得城市景观具有以下几方面的特征。

（1）人工性与复合性

一方面，城市景观区别于自然景观的最大特征就是人工建造，城市的建筑物和街道等景观均是人工建造的产物，甚至城市中的公园、山体、河流也无不存在着人工的痕迹；另一方面，城市的存在离不开一定的自然条件。因此，城市景观实际上是自然要素和人文要素复合的产物，它是多种复杂要素交织融合的载体。例如，青海湖自行车赛景观，第八届环青海湖国际公路自行车赛于 2009 年 7 月 17 日至 26 日在青海举行，来自五大洲的 21 支车队齐聚高原展开角逐，设计师为比赛设计了一系列主题性雕塑，以运动、团结、友好的理念欢迎各方人士参赛。这些雕塑均用当地具有代表性的材料制作而成，能够与当地常见地貌环境相吻合，且这一系列雕塑以公路自行车赛为主题，采用了大量具有当地特色的元素，可谓是自然要素和人文要素复合的优秀产物。

（2）地域性与文化性

任何城市都有其特定的自然地理环境和历史文化背景。地域性包括城市景观个体之间的差异和地域族群之间的个性差异两个方面，两者反映在景观上表现为城市的景观元素及其结构的差异，进而反映城市与城市之间整体景观特征的差异；文化性指的是城市景观具有某种独特的文化特征。由于民族风俗与地域环境等因素的综合作用，各地在长期的建设实践中形成了特有的建筑形式与风格，加上人们对空间景观的认识存在很大差异，就形成了每个城市各自特有的景观特征。正是城市景观的地域与文化特性，造就了千姿百态的城市景观。

在许多欧美国家的城市，城市景观既是国家文化的标志和象征，又是民族文化积累的产物，城市景观雕塑凝聚着民族发展的历史和时代面貌，反映了人们在不同历史阶段的追求。秦始皇兵马俑、汉代霍去病墓石雕、唐代乾陵石刻，法国巴黎凯旋门上的浮雕《马赛曲》，意大利佛罗伦萨的大卫像等，都代表了当时那个历史阶段审美趣味和文化艺术的最高成就。

（3）功能性与结构性

城市景观的功能性是城市景观的具体外在表现。城市景观不仅是一种景观，还是反映城市功能的标志。1933 年，国际现代建筑协会在拟定的《雅典宪章》中提出了城市的居住、工作、游憩和交通四大功能。围绕这四大功能产生了丰富的城市景观，如居住有各种住宅建筑景观；工作有商业、工业和农业景观等；游憩有园林和广场景观等；交通有街道和车辆景观等。城市景观的结构性在于城市具有一定的结构，如城市道路网结构、城市肌理等都反映了城市的景观结构。如蘑菇亭子景观，坐落于公园等公共场所，既能为人们提供休息乘凉的地方，又能美化城市环境。

（4）秩序性与层次性

秩序性是感知城市景观有序性效果的特性之一。第一，自然景观是有秩序的客观存在，反映了自然界的规律；第二，任何城市都有其自身的发展过程，它经历了一代又一代人的建设与改造，不同时代有不同时代的城市风貌，城市景观随着城市的发展而逐渐改变，但不同时期的建设多少会留下痕迹，即城市的历史发展沉淀反映出城市有秩序的发展轨迹；第三，在城市建设中，人们总是想要体现某种思想、某种意识形态，根据一定的法则建造城市。如王权、封建分封制或自由民主等思想，都会呈现出相应的景观风貌，使城市景观也具有一定的秩序性。

城市景观的层次性是指各景观具有不同的等级，城市景观普遍被划分为宏观（重要景观）、中观（次要景观）和微观（一般景观）三个层次。就城市中的建筑景观而言，在宏观上表现为建筑的布局形式，在中观上表现为建筑的外形，而在微观上表现为建筑细部构件的式样。就城市而言，作为城市标志的地标是城市的重要景观，一般都位于城市的核心区域，它是公众共同瞻仰的视觉形象，并因其精神内涵成为公众心目中的特定形象，它的影响范围辐射整个城市乃至更大的区域；次要景观的影响范围在城市中的某一个区域或次分区域内；而城市中一般景观的影响范围只限于某一个小区或更小的地带。

（5）复杂性与密集性

城市的形成和发展总是基于一定的自然基础，城市景观也具有一定的自然特征，但是，城市作为人类改造自然最集中的地方，城市景观中更多的是人工景观。人工景观包括人类生活、生产的各种物质和非物质要素的各个方面，极其丰富多彩。同时，城市景观所处的环境因为人们的活动而变得复杂，城市中不仅存在着自然光、自然声，还存在着种类繁多的人工光、人工声等环境要素。景观环境的复杂性一方面强化了景观本身的复杂性，另一方面也影响了人们感知城市景观的复杂性。在形体、色彩、质感、韵律、节奏、光影等方面，优秀的城市景观可以丰富环境，使环境活跃起来，充满生气。例如，耗资25万美元建于芝加哥联邦政府中央广场的火烈鸟雕塑，高达15.9 m的红色钢板构成的造型使灰暗呆板的建筑环境顿时生机勃勃。落成当日，芝加哥数十万人兴奋地举行庆祝活动，显示了城市景观改造环境的巨大力量。

城市景观的密集性主要表现在景观要素的密集性上。由于城市的人口数量多、建筑密度大，尤其在城市的中心商务区，高楼林立、道路成网，各种景观要素相互交叉、相互影响，形成密集的景观现状。

（6）可识别性与识别方式的多样性

城市景观的可识别性指的是人对城市景观的感知特性。城市中存在着大量的"观景人"，每个人都有不同的社会和文化背景，具有不同的审美观、价值观，对景观的识别是具有选择性的。每一个景观客体要素不一定对每个人都是有意义的。

城市中的人们对景观的识别方式也不尽相同，由于采用了不同的识别方式，人们对景观的感知也会有所差异。例如，步行观景与乘车观景对景观的感知是不一样的，在高楼上鸟瞰城市与在地平面上观察城市的感受也是不一样的。

（三）城市园林景观设计的发展前景

中国造园水平令世界连连称奇。中国园林发展史更多地表达了当时的人们对美好生活的无限向往，在中国几千年历史发展长河中，中国遍布大江南北的园林景观、园林建筑数不胜数。江南有景色秀丽的苏州园林，是世界文化遗产，但是这些园林受到不同时代历史变迁及不同社会背景下不同需要的影响，其园林景观不断发生变化，同样，很多皇家园林在历史长河中也随着社会需求的变化而变化。

中国城市园林发展至今，经过了一段很漫长、很艰难的道路。在改革开放后期，国家非常重视民生工程，也把城市园林的发展当作国家形象发展的首要任务。第一个五年计划提出了"普遍绿化，重点美化"的方针，并把方针列入未来城市建设发展的总体规划中。目前来看，城市园林景观的需求量和发展空间是巨大的，也将刺激城市园林景观市场的发展。人们对住房环境的要求慢慢地从室内转向室外，各地政府和企业也在大力发展城市园林景观工程，并把它当作一个新的市场吸引力。

近些年，社会不断发展，城市工业水平的提高和城市人口的迅速增长导致了城市环境的日益恶化，原有的绿地已经承载不了城市发展的压力，这些年不断建设的大型园林发挥了积极的作用，但这些园林并不能在根本上阻止环境的恶化。此外，随着城市人口的增长，对居住空间的需要也在增加，户外运动场地的增加、土地资源的缺失致使居民的基本生活环境缺乏保证，仅靠园林绿化改善环境是不现实的；财力的限制使城市园林景观和环境整治工程无法推广；自然资源的无序利用、整体生态的破坏导致生态环境非常脆弱，这些因素使中国城市园林的发展面临前所未有的挑战，但是从另一个方面来看，这也是中国园林事业一个难得的发展机遇。

现代城市园林景观的建设和发展是人类社会进步和自然演变过程中出现的一种人和自然相互协调的关系。在当今社会其他领域发展的同时，人们必须认识到城市和谐发展的重要性，如果不能正确地认识社会发展的规律、人类自身的条件及自然发展的趋势，那么城市园林景观的发展只能停留在装饰作用这一层面上。

纵观近些年世界城市的发展和城市园林景观的进步，可以看出，社会经济的不断发展及人们对环境认识的进一步加深，使城市园林建设有了飞速的进步，主要总结为以下五个方面。

1. 城市园林景观数量的迅速增长

近些年，国内各城市园林景观的数量不断增长，园林景观不断推陈出新，面积也越来越大。同时，在国内各类园林城市、生态城市的创建上，各主办城市也都付出了相应的努力。

2. 发展类型的多样化

随着社会经济的不断提高，城市园林建设从简单的量的积累到质的飞跃，其中的变化是有目共睹的。近几年，国内城市除传统意义上的公园、花园以外，各类新颖、富有特色的城市园林景观也不断呈现在人们居住的生活空间周围，表现形式从开始的服务单一到现在受众群体的多元化及功能服务的增加，充分体现了园林景观发展类型的多样化。

3. 崇尚自然

现有的城市景观布局利用植物改变造型，以植物造景为主。在主题公园和园林的规划方面，同样应用植物营造层次丰富的园林空间，降低了对建筑的依赖，园林景观以追求自然、清新为主，最大限度地让人们处于自然的环境中，给人一种重返大自然的感觉。

4. 科技投入

现代城市园林的管理和运营方式有了很大的变化，特别是在园林绿化管理上应用了先进的技术设备和科学的管理方式。园林绿化的养护操作全部实行机械化，在此基础上的管理和后期的辅助设计管理等也广泛采用了电脑监控、统计计算等科技方法。

5. 交流扩展

随着国家之间文化交往越来越频繁，中国也向西方国家借鉴和学习园艺技术，同时通过各种性质的国际交流活动进行宣传，将自己的园艺成果展现给世界。园林、园艺博览会、艺术节等活动极大地促进了城市园林景观事业的发展。

我国在园林艺术上有着深厚的历史底蕴，现代中国园林景观设计需要继承中国深厚的历史人文精神和优良的传统，通过学习借鉴国外的园林精髓，结合中国古老的造园技艺，才能创造出具有中国现代特色的城市园林景观。在今后的城市园林景观发展中要不断地提高园林科研成果，加快城市园林发展的市场化，从而推动我国城市园林景观更快、更好地发展。

二、东方古典园林景观设计的发展

（一）中国园林景观的发展

中国古典园林景观形成于何时，至今没有明确的史料记载，但就园林设计与人类生活的密不可分这一点可以推断出，早在原始社会时期，人们已经有了建造园林的想法。《礼记·礼运》中记载："昔者先王未有宫室，冬则尽窟，夏则居橧巢。未有火化，食草木之实，鸟兽之肉，饮其血，茹其毛。未有麻丝，衣其羽皮。"可见在生产力低下的原始社会，虽然人们有改造自然、征服自然的意识，但是没有能力进行造园活动。

人类社会经历了石器时代后，开始从原始社会向奴隶社会转变，奴隶主既有剩余的生活资料又有建园的劳动力，因此为了满足他们奢侈享乐的生活需要，中国古典园林的第一个阶段，即形成阶段开始出现。

1. 中国园林景观的萌芽阶段（夏商周时期）

我国古代第一个奴隶制王朝——夏朝，其农业和手工业都有了一定的基础，为造园活动提供了物质条件。夏朝出现了宫殿的雏形，台地上的围合建筑，可以用来观察天气，通常在围合建筑前种植花草。随着生产力的发展，商朝出现了"囿"。《毛诗故训传》记载："囿，所以域养禽兽也。"《周礼·地官·囿人》记载："囿人掌囿游之兽禁，牧百兽。"均显示囿是为了方便打猎，用墙围起来的场地。到了周朝，"囿"发展为在圈地中种植花果树木及圈养禽兽的场所。中国古代园林的孕育完成于囿、台的结合，"台"在"囿"之前出现，是当时人们模仿山川建造的高于地面的建筑，可以眼观六路，耳听八方，方便指挥狩猎。

由此可见，中国的园林是从殷商时期开始的，囿是中国传统园林的最初形式。很多学者认为，囿这种园林景观中的活动内容和形式在中国整个封建社会产生了很大的影响。清朝时期，皇帝还会在避暑山庄中骑马射箭，也是沿袭了奴隶社会的传统。

2. 中国古典园林景观的形成阶段（秦汉时期）

秦汉时期是我国园林发展史上一个承前启后的时期。初期的皇家宫廷园林规模宏大，西汉中期受文人影响，园林开始出现意境；东汉后期，园林趋向小型化，很多皇亲国戚、富贾巨商都开始投资园林，标志着我国古典私家园林的兴起。

战国时期，宫苑奠定了"苑"的形成机制，这一时期的宫苑是皇家园林的前身。随着封建帝国的形成，皇家园林的规模也逐渐扩大，规模宏大、气魄雄伟是这个时期园林的主要风格。秦统一六国后，建立了前所未有的大一统王朝，修建大大小小300处宫苑，"苑"的规模得到了发展。

公元前202年，刘邦建立了西汉王朝，在政治、经济方面承袭了秦王朝的制度。秦末农民战争之后，西汉经济发展迅速，成为中国封建社会经济发展最活跃的时期之一，此时王公贵族、富商巨贾生活奢侈，地主、大商开始建园。西汉的园林继承了秦代皇家园林的传统，并得到进一步发展。例如，秦汉时期的上林苑以秦为鉴，在秦的基础上形成了苑中苑的布局，奠定了园林组织空间的基础。东汉时期的皇家园林数目不多，但园林的游赏水平和造景效果达到了一定的水平。

由此可见，汉代是中国园林史上的重要发展阶段，在此阶段得到发展的皇家园林成为中国古典园林的重要分支。西汉园林的形式在秦代园林的基础上有了进一步的发展，从囿苑转向宫宅园林；东汉时期，皇家园林开始展现出诗情画意，文人园林逐渐形成，为魏晋南北朝时期园林的发展奠定了基础。

皇家宫苑是西汉造园活动的主流，它继承秦代皇家宫苑的传统，保持其基本特点的基础上又有所发展、充实。宫苑是汉代皇家园林的普遍称谓，其中"宫"有连接、聚集的含义，通常指帝王住所、宗庙、神庙；"苑"原意为"养禽兽所也"，后多指帝王游猎场所。"体象乎天地""天人之际"是两汉时期造园手法的突出表现，这个时期，山、水、植物和建筑已经成为造园的四大基本要素。在汉代园林中有以下几大造园手法值得研究。

第一，人工叠山。两汉时期，蓬莱神话盛行，宫苑中很多景色都模仿神话传说中的三仙山进行修建。西汉梁孝王建造的梁园又称兔园，"园中有百灵山、落猿岩、栖龙岫、雁池、鹤洲、凫渚，宫观相连，奇果佳树，错杂其间，珍禽异兽，出没其中"，可见当时叠山的规模之大。两汉时期以土和石筑山的叠山方式为魏晋南北朝时期的自然山水园提供了借鉴，在园林史上具有重要的意义。

第二，用水。水是园林景观构成中的重要因素，无水不活、无水不秀。汉代的上林苑拥有数量众多的水体，如太液池、昆明池等，水体的运用大大开拓了园林的艺术空间，使园林在空间造型中起伏有致、疏密相间。

第三，动植物成为造园必不可少的因素。上林苑中的动植物景观表现出汉代造园的显著特点，动植物的存在不仅满足了起初狩猎的需要，还要提高了园林的观赏价值。

第四，建筑的营造也是两汉时期造园的重要因素。汉代木结构的工艺水平得到迅速的提升，这从西汉初期以高台建筑为主、西汉末年楼阁建筑大量出现的历史记载中可以得到证实。在结构上，汉代建筑的台梁、穿斗、井干三种水平木质结构形式已基本形成，竖向构架形式也开始出现，并奠定了以后1000多年高层木结构建筑的基础。

3. 中国古典园林景观的发展阶段（魏晋南北朝时期）

东汉后期，由于多年战乱，社会经济遭到了极大的破坏。魏晋南北朝时期，北方少数民族入侵，当时的国家处于分裂状态，意识形态方面也突破了儒家思想的主导地位，呈现出百家争鸣的局面。思想的解放带来人性的解放，多元的思想潮流在这个时期开始涌现，归隐田园、皈依山门、寄情山水、玩世不恭成为人们面对现实的直接反映。刘勰的《文心雕龙》、钟嵘的《诗品》、陶渊明的《桃花源记》等许多名篇，都是在这一时期创作的。寄情于山水的实践活动不断增加，关于自然山水的艺术领域不断扩张。在此社会背景下，私家园林开始盛行，皇家园林的影响相对减小，佛教和道教的盛行使佛观寺院也开始流行。

以自然美为核心的美学思潮在这个时期发生了微妙的变化，从具象到抽象、从模仿到概括，形成了源于自然又高于自然的美学体系。园林的狩猎、求仙等功能消失，游赏活动成为园林主导功能甚至唯一的功能。这一时期是以山水画为题材的创作阶段。文人、画家参与造园，进一步发展了"秦汉典范"。北魏张伦府苑、吴郡顾辟疆的"辟疆园"、司马炎的"琼圃园""灵芝园"、吴王在南京修建的宫苑"华林园"等，是这一时期有代表性的园苑。其中华林园（芳林园）规模宏大、建筑华丽，时隔许久，晋简文帝游乐时还赞扬说："会心处不必在远，翳然林水，便自有濠濮间想也。"

魏晋南北朝时期的造园活动是我国园林发展从生成期到全盛期的转折，

初步确立了园林的美学思想，奠定了中国风景式园林的发展基础。这一时期的园林景观摆脱了原有风格的束缚，追求自由、自然的建造风格，使园林景观向艺术形式方向靠拢，为中国古典园林的发展埋下了重要的伏笔。

4. 中国古典园林景观的全盛阶段（隋唐时期）

隋唐时期是中国封建社会的鼎盛时期，随着社会政治经济制度的完善，皇家园林的发展进入了全盛时期。隋唐时期的园林景观设计比魏晋南北朝时期艺术水平更高，开始将诗歌、书画融入园林景观设计中，抒情、写意成为园林景观设计的基本艺术概念。主题园林在这一时期开始萌芽，直到宋代才成为容纳士大夫荣辱、理想的艺术载体。

隋唐时期的园林景观设计是继魏晋南北朝时期"宛若自然"的园林景观设计之后的第二次质的飞跃。促进园林景观设计出现质的飞跃的因素主要有以下两点：第一，隋朝结束了魏晋南北朝时期的战乱状态，统一了全国，沟通了南北地区的经济，盛唐时期，政局稳定、经济文化繁荣，人们开始追求精神上的享受，造园就成了精神及物质享受的重要途径；第二，科举制度的盛行使做官的文人增多，园林成为他们的社交场所，中唐时期，文人直接参与造园，他们的文学修养和对大自然的领悟使他们的私家园林更加具有文人气息，这种淡雅清新的格调再度升级，成为具有代表性的"文人园林"。

隋朝时期全国统一，政治经济繁荣，皇帝生活奢侈，偏爱造园。隋炀帝"亲自看天下山水图，求胜地造宫苑"，迁都洛阳后，"征发大江以南、五岭以北的奇材异石，以及嘉木异草、珍禽奇兽"，都运到洛阳去充实各园苑，一时间，古都洛阳成了以园林著称的京都，芳华神都苑、西苑等宫苑都极尽豪华。这些皇亲贵族将天下的景观都融入自家的园林中，使人足不出户就能享受自然的美景。

唐朝继承了魏晋南北朝时期的园林风格，但开始有了风格的分支：以皇亲贵族为主的皇家园林精致奢华，禁殿苑、东都苑、华清宫、太极宫、神都苑、翠微宫等都旖旎空前；而以文人官僚为主的私家园林风格清新雅致。唐宋时期流行山水诗、山水画，这必然影响到园林的创作，将诗情画意融入园林，以景入画、以画设景，成为"唐宋写意山水园"的特色。当时，比较有代表性的有杜甫草堂、庐山草堂、辋川别业等，比较有代表性的造园文人有白居易、柳宗元、王维等。文人官僚开发园林、参与造园，通过这些实践活动逐渐形成了比较全面的园林观——以泉石竹树养心，借诗酒琴书怡性，这对宋代文人园林的兴起及其风格特点的形成也具有一定的启蒙意义。

5. 中国古典园林景观成熟期的第一个阶段（两宋到清中期）

当中国封建社会发展到两宋时期，小农经济已经定型，商业经济也得到空前的繁荣发展，浮华的社会风气使上至帝王、下至庶民都讲究饮食玩乐，大兴土木、广建园林。封建文化开始转向精致，开始实现从总体到细节的自我完善。两宋时期的科学技术有了长足的进步，无论是理论上的《营造法式》和《木经》等建筑工程著作的流行，还是树木、花卉栽培技术的提高，以及园林叠石技艺的提高（宋代已经出现了以叠石为专业的技工，称"山匠"或"花园子"）都为园林景观设计提供了保证。

在建筑技术方面，宋代的建筑技术继承和发展了唐代的形式，无论是单体建筑还是群体建筑，都更加秀丽、富有变化。宋代的建筑技术无论在结构上还是在工程做法上较之唐代都更加完善，从傅熹年先生的《东京皇城复原图》可以看出，宋代的皇家园林规模更加宏大。宋代的皇家园林中，除了艮岳外，还有玉津园、瑞圣园、宜春苑、金明池、琼林苑等。以玉津园和金明池为例，玉津园是皇家禁苑，宋初，皇帝经常在此习射赐宴，后期因为艮岳的兴建，玉津园的地位逐渐降低；金明池中有水心五殿、骆驼虹桥，并且在北宋时期不断增修，在当时的皇家园林中占有重要地位。北宋初年，私家园林遍布都城东京，这些私家园林的修建者多是皇亲国戚。除东京外，当时的文化中心洛阳也有很多私家园林，李格非的《洛阳名园记》是有史以来第一部以园林为题材的著作，记载了洛阳不同类型的私家园林。两宋时期是中国古典园林进入成熟期的第一个阶段，皇家、私家、寺观三类园林景观已经完全具备了中国风景式园林的主要特点。这一时期的园林景观艺术起到了承前启后的作用，为中国古典园林进入成熟期的第二个阶段打下了基础。

元大都的苑囿虽然沿用了前朝的旧苑，但还是依据当时的需要进行了增筑和改造活动，出现了前所未见的盝顶殿、畏吾儿殿、棕毛殿等殿宇形式，殿宇材料及内部陈设也都沿用了元人固有的风俗习惯，紫檀、楠木、彩色琉璃、毛皮挂毯、丝质帷幕，以及大红金龙涂饰等名贵物品的使用和艳丽的色彩，形成了元代园林独有的特色。

元代的私家园林继承和发展了唐宋以来的文人园林形式，其中较为著名的有河北保定张柔的莲花池、江苏无锡倪瓒的清閟阁和云林堂、苏州的狮子林、浙江归安赵孟頫的莲庄，以及元大都西南廉希宪的万柳园、张九思的遂初堂、宋本的垂纶亭等。有关这些园林的详尽文字记载较少，但从保留至今的元代绘画、诗文等与园林风景有关的艺术作品来看，园林已成为文人雅士抒写自己性情的重要艺术手段。

狮子林作为元代古建筑，被国务院批准列入《第六批全国重点文物保护名单》。"咫尺之内再造乾坤"，苏州园林被公认为是实现这一设计思想的典范。这些建造于16—18世纪的园林，以其精雕细琢的设计折射出中国文化中取法自然而又超越自然的深邃意境。狮子林主题明确、景深丰富、个性分明，假山洞壑匠心独具，一草一木别有风韵。苏州园林在有限的空间范围内，利用独特的造园艺术，将湖光山色与亭台楼阁融为一体，把生机盎然的自然美和创造性的艺术美融为一体，不出城市便可感受到山林的自然之美。此外，苏州园林还有极为丰富的文化底蕴，它所反映出的造园艺术、建筑特色及文人骚客留下的诗画墨迹，无不折射出中国传统文化的精髓和内涵。

由于元代统治者的等级划分，众多汉族文人往往无法担任官职，在园林中以诗酒为伴、吟风弄月，这对园林审美情趣的提高是大有好处的，也对明清园林产生了较大的影响。随着中国封建社会进入明清时期，社会经济高度繁荣，园林的艺术创作也进入了高峰期。明朝时期皇家园林多结构严谨，江南的私家园林成为明朝时期古典园林的主要成就，比较有代表性的有苏州拙政园。清代自康熙至乾隆祖孙三代共统治中国达130多年，这是清代历史上的全盛时期，此时的苑囿兴建几乎达到了中国历史上前所未有的高峰。社会稳定、经济繁荣为建造大规模写意自然园林提供了有利条件，如圆明园、避暑山庄、畅春园等。

6.中国古典园林景观成熟的第二个阶段（清中期到清末期）

这一时期园林的发展，一方面继承前一时期的成熟的园林风格并更趋于精致，表现出中国古典园林的辉煌成就；另一方面则暴露出某些衰颓的倾向，丧失前一时期的积极创新精神。清末民初，封建社会开始解体，历史发生急剧变化，西方文化大量涌入，中国园林的发展也相应地产生了变化，结束了园林的古典时期，开始进入成熟期的第二个阶段。由于西方文化的冲击、国民经济崩溃等原因，这个时期的园林创作由全盛转向衰落，但中国园林的成就达到了历史的巅峰，其造园手法被西方国家推崇和模仿，在西方国家掀起了一股中国园林热。中国园林艺术从东方到西方，成为全世界公认的园林之母、世界艺术之奇观。中国造园艺术以追求自然精神境界为最终和最高目的，从而达到"虽由人作，宛自天开"的审美情趣，它蕴含着中国文化的内涵，是中国五千年文化史造就的艺术珍品，是一个民族内在精神品格的写照。

（二）日本园林景观设计发展史

日本园林作为日本传统文化的一部分，其形成和发展与时代密不可分，不仅从侧面反映了造园时期社会整体的价值观、世界观与审美倾向，同时也反映了当时人们的生活情趣。日本历史可分为古代、中世、近世和现代四个时期，每个时期又分成若干朝代。其造园史据此而分成四个阶段。

1.古代园林 —— 大和时代、飞鸟时代、奈良时代、平安时代

（1）大和时代（250—538年）

大和时代正值中国的魏晋南北朝时期，日本不断向中国派出使者学习中国文化，日本最早的史书《古事记》提到了皇家园林的情况，其特点是宫馆环池、环墙或环篱，苑内更有池、泉、游、岛及各种动植物。园中有游船，表明日本园林一开始就和舟游结下了不解之缘。

日本园林一开始就很发达，并未经过像中国那样长久的苑囿阶段。大和时代的园林和中国最初供帝王权贵打猎游玩的"囿"有着同样的作用。

（2）飞鸟时代（538—710年）

飞鸟时代，日本社会由奴隶制向封建制过渡。从中国传入佛教后，日本文化有了新的发展，建筑、雕刻、绘画、工艺也在日本兴盛起来。苏我氏最先把佛教传入日本，受中国蓬莱仙境的影响，他在院子里挖地造岛，请仙人居住。《日本书纪》推古三十四年（626年）六月条，关于苏我马子宅邸园池有如下记载："家于飞鸟河之傍，乃庭中开小池。仍兴小岛于池中，故时人曰岛大臣。"此时的日本园林取法于中国，以池、岛为骨干的庭园形式已基本确立。在这一时期，不仅有皇家园林，私家园林也出现了，城外的离宫之制也初见端倪。藤原宫内庭、飞鸟岛宫庭园、小垦宫庭园、苏我氏宅院等是飞鸟时代日本园林的代表作。

（3）奈良时代（710—794年）

奈良时代是日本全面吸收盛唐文化并在此基础上形成日本灿烂古典文化的繁盛时期。这时的天皇们仿照唐代都城长安的模式，建造了新的都城——平城京，其城市布局与长安城非常相似。

奈良时代的造园分皇室宫苑与贵族宅园两种类型，其造园的形式、风格甚至园林游赏内容都以模仿唐朝为特色，庭园池中放入水鸟，并伴以小桥，池中利用岩石仿造海景容姿，使不易见到海的山间地带可以欣赏到大海。皇家园林中的平城宫南苑、松林苑，以及私家园林中橘诸兄的井手别业、长屋王的佐保殿等都是奈良时代造园的重要代表作品。

（4）平安时代（794—1192）

为了避免奈良日益强大的佛教势力对政治的干涉，恒武天皇迁都平安京（现京都）。据载恒武天皇时期主要建筑都仿唐制，苑园多利用天然的湖池和起伏的地形，并模仿汉上林苑营建造了神泉苑，在继承传统文化的同时提炼唐风文化，形成了具有日本民族特色的园林文化。

这一时期，寝殿建筑建造形式为左右对称。由于宫殿式建筑都是坐北朝南布置的，因此园林皆修建在建筑的南侧。在平安时代初期形成了宫殿式建筑庭园，庭院整体的布局形式大多以水池为中心，亦称池泉式。池泉代表漂浮着神仙岛的大海，同时池中还修筑有象征蓬莱山的小岛，有小桥将各个小岛以及小岛与池岸联系起来。这些建造风格都源于中国的道教思想，引水造溪流的手法是这种园林形式的最大特征。平安时代末期，随着中国佛教思想的传入与流行，净土庭院应运而生。在宫殿式建筑庭园的形式中融入了净土思想。在净土庭院中，漂浮着神仙岛的大海变成了表示极乐净土的黄金池，而象征着蓬莱山的小岛则变成了代表须弥山的石组。从内容上看，与寝殿造庭院不同，然而在造园形式及技术上，二者却是一致的。

这一时代对庭园山水草木经营十分重视，诞生了日本最早的造庭法秘传书《前庭秘抄》（又名《作庭记》），对日本园林的发展有着重要的意义。

2. 中世园林——镰仓时代、室町时代

（1）镰仓时代（1192—1333 年）

12 世纪末期，武士当权，社会动荡不安，佛家思想深入人心，日本园林从此成为朴素实用的宅园。镰仓后期宋朝禅宗传入日本，禅宗讲究空灵颖悟、通脱不拘，所以这一时期园林建筑也都简约素朴。在寺院改造和新建的过程中，产生了新的庭院形式——枯山水。

随着时间的推移，庭院中水面变小，出现了建筑之间的内庭，湖的形状也变得更加复杂，游览方式由舟游式向回游式发展，既可以沿湖欣赏景色，又可以从某个建筑中眺望远方的景致。

（2）室町时代（1336—1573 年）

在室町时期，日本传统贵族文化与新兴的武士文化，即市民文化融为一体，同时完成了对唐、宋、元文化的吸收和消化，形成了独特的日本文化。

室町时期是日本庭园的黄金时代，自这一时代开始，日本园林发生了本质的变化。前期产生的枯山水在此朝得到广泛的应用，独立枯山水出现；室町末期，茶道与庭园结合，园林开始发展为茶庭；建造在武家园林中的书院崭露头角，为即将来临的书院造庭园揭开序幕。在日本进入武家统治的时代（日本的镰仓时代和室町时代）之后，产生了池泉·回游式庭园（池泉式）和枯山水庭园，这些园林都是禅宗思想对日本社会的精神渗透，通常将这两种园林形式统称为禅宗庭园。值得一提的是，枯山水创始人——梦窗疏石的作品京都西芳寺是日本传统园林的传世之作，同时也是早期枯山水的代表作。在日本造园史上，西芳寺标志着一个明确的转变：从此，禅宗进入园林之中，园林开始向抽象化方向发展。

3. 近世园林 —— 安土桃山时代、江户时代

（1）安土桃山时代（1573—1603 年）

这一时期，战国时代结束，国家重新统一，社会趋向稳定。在贵族武士们的建筑中出现了追求豪华壮丽的潮流。在这一时期，出现了书院式庭园和茶庭，书院式庭园的表现特征多为池泉式庭园，一般都在池泉中修筑有象征蓬莱山的小岛，并且在岛上还建有休息和观赏景色的亭台。此外，池泉中大多采用巨大的、色彩丰富的山石表达繁荣和吉祥。茶庭也被称为露地，是附属于茶室的庭园，随着茶室的兴起而产生的一种庭园形式。这种庭园的主要特征是庭院与茶室不可分离，根据茶道的功能流程来进行茶庭的流线布局，这是茶庭的一个重要特点。

（2）江户时代（1603—1868 年）

江户时代的日本，儒家思想取代了佛教思想的统治地位，儒家的中庸思想促进日本园林的综合性进一步得到提高。而江户中期以后的庭园，也逐渐失去了室町时代的禅味，出现了皇家园林以桂离宫庭园为首的、武家园林以金泽兼六园为代表的一系列著名庭园，主要有回游式庭园和大名庭两种园林形式。回游式庭园是一种书院式庭园和茶庭相结合的综合式庭园，在一个院子中会有不同的分区，突出强调不同区域自然风景的性格和特点；大名庭则是在平坦宽敞的土地上将各地的风景名胜进行再现和再造，如同颐和园中有苏州谐趣园的缩影。保留至今的桂离宫、仙洞御所、修学院离宫、京都御所号称京都四大名园，代表了日本传统庭院的主要风格和特征。此时园林不仅集中于日本的几个大城市，也遍及全国。

4. 现代园林 —— 明治以后的园林

明治时代迎合了当时世界范围内的资本主义革命，面向公众开放的公园开始出现，大量使用缓坡草地、花坛喷泉及西洋建筑。许多古典园林在改造时也加入缓坡草地，形成开放公园。同时许多传统形式的庭园仍在营造中，出现了代表明治和大正年代的草庭、代表昭和时期的杂木庭。

三、现代景观艺术设计

（一）景观艺术设计概述

1. 景观艺术设计的概念

景观一词的本来含义是"风景""景致"等，最早用以描写所罗门皇城耶路撒冷的壮丽景色。17世纪，随着欧洲自然风景绘画的繁荣，景观成为专门的绘画术语，专指陆地风景画。在现代，景观的概念更加宽泛：地理学家将其看成是一个科学名词，定义为一种地表景象；生态学家把它定义为生态系统或生态系统的系统；旅游学家把它作为一种资源来研究；艺术家把它看成表现与再现的对象；建筑师把它看成建筑物的配景或背景；美化运动者和开发商则把它看成是城市的街景立面、园林中的绿化、小品和喷泉叠水等。所以，对景观的一个更加广泛而又全面的定义是：景观是人类环境当中一切视觉事物的总称，它可以是自然的，也可以是人为的。英国规划师戈登·卡伦（Gordon Cullon）在《城市景观》一书当中认为，景观是一门"相互关系的艺术"，也就是说，视觉事物之间构成的空间关系是一种景观艺术。比如，一座建筑是建筑，两座建筑则是景观，它们之间的"相互关系"则是一种和谐、秩序与美的关系。

景观作为人类视觉审美的对象，一直延续到现在，但是定义背后的内涵及人们的审美态度则发生了一些变化。从最早的"城市景色、风景"到"对理想居住环境的图绘"，再到"注重内在的人的生活体验"，现在人们将景观作为生态系统来研究，研究人与人、人与自然之间的关系，所以景观既是自然景观，又是文化景观与生态景观。从设计的角度来谈景观，则带有更多的人为因素，这有别于自然生成的景观。景观设计是对特定环境有意识的改造行为，从而创造具有一定社会文化内涵与审美价值的景物。

景观艺术设计对景观设计提出了更高的艺术要求，以艺术设计学的设计方法作为基础对景观设计进行研究，艺术的形式美及设计的表现语言一直贯穿于整个景观设计的过程当中。景观艺术设计属于环境艺术设计的范畴，是以塑造建筑外部空间的视觉形象为主要内容的艺术设计。景观艺术设计的设计对象涉及自然生态环境、人工建筑环境、人文社会环境等各个领域，它是依据自然、生态、社会、行为等科学的原则从事规划与设计，按照一定的公众参与程序来创作，融合于特定公共环境的艺术作品，并以此来提升、陶冶和丰富公众审美经验的艺术。景观艺术设计是一个充分控制人的生活环境品质的设计过程，也是一种改善人们使用与体验户外空间的艺术。

景观艺术设计范围较为广泛，通俗来讲，只要是以美化外部空间环境为目的的作品，都属于其范畴，几乎涵盖了所有的室外环境空间。

景观艺术设计是一门综合性与边缘性很强的学科，其内容不但涉及艺术、建筑、园林及城市规划学，而且与地理学、生态学、美学、环境心理学、文化学等多种学科相关。它吸收了这些学科的研究方法与成果：设计概念以城市规划专业总揽全局的思维方法为主导；设计系统以艺术与建筑专业的构成要素为主体；环境系统以园林专业所涵盖的内容为基础。景观艺术设计是一门集艺术、科学、工程技术于一体的应用学科，所以它需要设计者具备诸多学科的广博知识。

景观艺术设计的形成与发展是时代赋予的重要使命。城市的形成是人类改变自然景观、重新利用土地的结果。但是在这一过程中，人类不尊重自然，肆意破坏地表、气流、水文、森林和植被，特别是工业革命之后，建成大量的道路、住宅、工厂及商业中心，使得很多城市变为由柏油、砖瓦、玻璃和钢筋水泥组成的"大漠"，这些努力建立起来的城市已经离自然景观相去甚远。但是随之人类也遭到了大自然的报复，因为远离大自然而产生的心理压迫和精神桎梏、人满为患的街道、城市热岛效应、空气污染、光污染、噪声污染、水污染、环境污染等，都使人类的生存品质不断降低。痛定思痛，人类在深刻反省中开始重新审视自身与自然的关系，提出 21 世纪面临的重大主题是"人居环境的可持续发展"。人类深切认识到景观艺术设计的目的不仅仅是美化环境，更是从根本上改善人的居住环境，维护生态平衡和保持可持续发展。现代景观艺术设计已经不再是早期达官显贵们造园置石的概念了，它要担负起维护和重构人类生存景观的使命，为所有居住于城、镇、村的居民设计合宜的生存空间，构筑理想的居所。"现代景观设计之父"F. L. 奥姆斯特德(F. L. Olmsted)曾经在哈佛大学的讲坛上说过："景观技术作为一种'美术'，其重要的功能是为人类的生活环境创造美观；同时，还必须给城市以舒适、便利和健康；在终日忙碌的城市居民的生活中，缺乏自然提供的美丽景观和心情舒畅的声音，弥补这一欠缺就是景观技术的使命。"在我国，景观艺术设计是一门比较年轻的学科，但具有非常广阔的发展前景。随着全国各地城镇建设速度的不断加快、人们环境意识的加强，以及对生活品质要求的提高，这一学科也越来越受到重视，其对社会进步所产生的影响也越来越广泛。

2.景观艺术设计的特征

（1）多元性

景观艺术设计是一门边缘性的学科，其构成元素与涉及问题的综合性使其具有多元性的特点，这种多元性体现在与设计相关的自然因素、社会因素的复杂性，以及设计目的、设计方法、实施技术等方面的多样性上。

与景观艺术设计有关的自然因素主要包括地形、水体、动植物、气候、光照等，分析并了解它们彼此之间的关系对设计的实施非常关键。比如，不同的地形会影响景观的整体格局，不同的气候条件则会影响景观内栽种的植物种类。此外，社会因素也是造成景观艺术设计多元性的重要原因。景观艺术设计是一门艺术，但是与纯艺术不同的是，其面临着更加复杂的社会问题和使用问题的挑战，因为现代景观艺术设计的服务对象是大众。现代信息社会的多元化交流及社会科学的发展，使人们对景观的使用目的、空间开放程度和文化内涵的需求变得与以往不同，这些会在很大程度上影响景观设计形式。为了满足不同年龄、不同受教育程度及不同职业的人对景观环境的不同感受力，景观艺术设计必然会呈现多元性的特点。现代科技的发展，如 GIS 技术、VR 技术、遥感技术等现代科技的运用，使得景观艺术设计的方法、实施的技术、表现的材料也越来越丰富，这不仅增加了景观艺术设计的科技含量，也丰富了景观艺术的外在形式。

（2）生态性

生态性是景观艺术设计的第二个特征。不管在怎样的环境中进行建造，景观都与自然有着十分密切的联系，这就必然涉及景观与人类、自然的关系问题。在环境问题日益突出的今天，生态性已经引起景观设计师的重视。美国宾夕法尼亚大学的景观建筑学教授 I. L. 麦克哈格（I. L. McHarg）就提出了"将景观作为一个包括地质、地形、水文、土地利用、植物、野生动物和气候等决定性要素相互联系的整体来看待"的观点，将生态理念引入景观艺术设计当中。这就意味着：首先，设计要尊重物种多样性，减少对资源的掠夺，保持营养与水循环，维持植物生境与动物栖息地的质量；其次，尽可能地使用再生原料制成的材料，尽可能地将场地上的材料循环使用，最大限度地发挥材料的潜力，减少因生产、加工、运输材料而消耗的能源，减少施工中的废弃物；最后，要尊重地域文化，并且保留当地的文化特点。例如，生态原则的一个非常重要的体现就是高效率地用水，减少水资源消耗，所以景观艺术设计就需考虑利用雨水解决大部分的景观用水，甚至可以达到完全的自给自足，进而实现对城市洁净水资源的零消耗。景观艺术设计对生态的追求与对功能和形式的追求同样重要，有的时候甚至超越了后者而占据首要位置。从某种意义上讲，景观艺术设计是对人类生态系统的设计，是一种基于自然系统自我有机更新能力的再生设计。

（3）时代性

景观艺术设计富有鲜明的时代性，主要体现在以下四个方面。

第一，从过去注重视觉美感的中西方古典园林景观到如今生态学思想的引入，景观艺术设计的思想与方法发生了很大的变化，也极大地影响甚至改变了景观的形象。现代景观艺术设计不再仅仅停留于"堆山置石""筑池理水"，而是上升到提高人们生存环境质量、促进人们居住环境可持续发展的层面上。

第二，在古代，园林景观的设计大多停留在花园设计的狭小天地，而今天，景观艺术设计介入更加广泛的环境设计领域，它的范围主要包括：新城镇的景观总体规划，滨水景观带、公园、广场、居住区、校园、街道及街头绿地的设计，甚至是花坛的设计等，几乎涵盖了所有的室外环境空间。

第三，设计的服务对象也有了很大不同。古代园林景观仅能由皇亲国戚、官宦富绅等少数统治阶层享用，而今天的景观艺术设计则是面向大众、面向普通百姓，充分体现出一种人性化的关怀。

第四，随着现代科技的不断进步与发展，越来越多的先进施工技术被应用到景观设计中，人类突破了沙、石、水、木等天然、传统施工材料的限制，开始大量地使用塑料制品、光导纤维、合成金属等新型材料来制作景观作品。例如，塑料制品现在已经被普遍应用于公共雕塑、景观设施等方面，而各种聚合物则使轻质的、大跨度的室外遮蔽设计更加易于实现。施工材料和施工工艺的进步，大大增强了景观的艺术表现力，使现代景观更富生机与活力。

景观艺术设计是一个时代的写照，是当时社会、经济、文化的综合反映，这使得景观艺术设计带有明显的时代烙印。

（二）景观构成要素

1. 空间尺度要素

景观艺术设计的主要尺度是由人们在建筑外部空间的行为所决定的，也就是说，人们的空间行为是确定空间尺度的一个主要依据。比如，学校教学楼前的广场或开阔空地尺度不宜太大，也不宜过于局促，过大会导致学生或教师在使用的时候会感觉过于空旷、没有氛围；而过于局促的空间又会使得人们觉得太过拥挤，失去一定的私密性，这也是人们所不认同的。所以不管是广场、花园还是绿地，都应该依据其功能与使用对象确定其空间尺度。合适的空间尺度能够给人以美的感受，不合适的空间尺度则会使人感觉不够协调。以人的活动为目的确定空间尺度，才能让人感到舒适、亲切。

具体的空间尺度，在很多书籍资料里面都有所描述，但最好还是在实践中去把握和感受。尺度是以人的自身尺寸关系与其他物体尺寸之间所形成的特殊比例关系，所谓特殊就是指尺寸必须以人的自身尺寸作为基础。比例通常具有两个度向：一是人与空间的比例，二是物与空间的比例。所谓比例，主要指的是一件事物整体与局部以及局部与局部之间的数比关系，是控制景观自身形态变化的手法之一，和谐的比例关系能够产生美，正确地确定景观比例，能够取得较好的视觉效果。

空间尺度控制在景观设计中是非常重要和关键的，只有空间尺度适宜、得当，才能够产生视觉上的美感，才能够为人们提供赏心悦目的空间和环境。空间尺度不但会影响景观的美感，而且会影响景观功能。和谐的空间尺度关系能够给人舒适的空间感受，满足景观功能需求，是使景观适用、协调的重要条件之一。

2.物质构成要素

如果根据景观的物质构成划分景观的构成要素，能够将其分为两大类：一类是软质景观，通常是自然的，如树木、水体、绿地、土壤、阳光及天空；另一类是硬质景观，通常是人造的，如铺地、墙体、栏杆、景观构筑物等。软质景观是构成景观的最基本、最自然的要素之一，是自然赋予景观最直接的一个载体，景观艺术设计当中对于软质景观的应用是在尊重自然生态的原则上进行的，是人类对自然的创造性再生。在景观艺术设计中，对软质景观，如树木、水体等巧妙合理地利用，能够使景观艺术设计在具有原始天然魅力的同时又具有独创性，令人耳目一新。同时，各种软质景观要素之间又互相联系、相互影响。

硬质景观是体现人作为主体在景观当中的创造性活动的要素。景观不仅是风景，在景观艺术设计里面还融入了大量的对环境的人为改善。景观艺术设计就是要改造旧环境、创造新环境，而硬质景观就是新环境创造过程当中必不可少的组成部分。硬质景观通常是更加直接、更加具体地为人们服务。比如，墙体是为了人类免受自然的侵袭，铺地是为了更加方便人们行走，等等。虽然，硬质景观大多都是人造的，但是景观设计的发展趋势就是要做到人与自然的和谐统一，也就是硬质景观与软质景观协调发展。

3.可变的动态要素

为什么雾凇在北方出现而南方没有？为什么摇曳的竹林只出现在南方而北方没有？这是由南北方的气候差异产生的景观差异，诸如气候这类原因所产生的差异还有很多，如季节的更替、当地的盛行风向、雨季的持续时间等，在景观设计当中这些因素一般被称为可变的动态要素。这些可变的动态因素对景观的设计及最终的实施都具有决定性的作用。例如，在进行绿化的设计时，如果没有考虑到气候和季节交替的影响，很可能会导致树木的死亡，达不到最佳的绿化效果；而在公共设施的设计当中，对于防雨功能的设计也是由当地的雨季时间和降雨量决定的。可变的动态要素虽然具有一定的规律可循，但是在不同时期也会有所变化，所以设计师在进行设计之前一定要做好深入的调研工作，搜集近年来当地的气候、风向、雨水等相关方面的数据。

4. 精神需求要素

与建筑设计和城市规划相比，景观艺术设计更加需要提高一个层次，它要解决的是人类精神需求的重要问题，因此，景观艺术设计更加侧重于艺术性和精神活动。人类是符号动物，景观是一个传播符号的媒介，是具有深刻内涵的，它记载着一个地方的历史，包括自然和社会历史；讲述着动人的故事，包括美丽的或者是凄惨的故事；讲述着土地的归属，也讲述着人与土地、人与人、人与社会的关系。所以说，行万里路，如同读万卷书。

M. 海德格尔（M. Heidegger）将语言比喻成人们栖居的房子，"河出图，洛出书"也生动地说明了文字与数字起源于对自然景观当中自然物以及现象的观察与启示的过程，可见，为了生存和生活——吃、住、行、求偶和生殖，人类发明了景观语言，景观语言是人类最早的语言，是人类文字和数字语言的源泉。景观具有语言的所有特征，包含着话语当中的单词与构成——形状、图案、结构、材料、形态及功能，所有景观都是由这些符号组成的。景观组成的符号含义是潜在的，只有存在于上下文当中才能够显示，景观语言也包含方言，它可以是通俗的，也可以是诗意的。景观语言可以用来说、读和书写，就如同文字语言一般，景观语言是社会的重要产物，是为了交流信息与情感的，同时也是为了庇护和隔离。景观语言所表达的含义只能部分地被外来者所读懂，而有很大部分只能为自己族群的人所共享，从而在交流过程中维护了族群内部的认同，有效地抵御外来者的攻击。景观当中的基本"名词"是石、水、植物、动物及人工构筑物，而它们的形态、颜色、线条、质地就是"形容词"和"状语"。这些元素在空间上的不同组合，便构成了"句子""文章"和充满意味的"书"。当然，要读懂这样的一本"书"，读者就必须具有相应的知识和文化。不同文化背景的人对城市景观的理解是具有多重含义的，因为人是符号的动物，而景观符号是人类文化和理想的精神载体。

5.功能要素

景观在人们的生活当中无处不在，它要满足人们对环境的审美需要。由于建筑环境类型存在差异，景观的空间形态特征和功能要求也会随之发生的变化。不管景观如何发展变化，其基本立足点应符合人的生活方式，满足人的需要。一个具有良性循环的景观系统，要在功能上具有整体性和连续性。这里主要介绍在景观艺术设计当中的三个功能要素。

（1）景观的使用功能

景观的使用功能主要是指景观艺术设计中的设施设计能够真正满足人们的要求，这些设施可以给人提供直接的、便利的服务。这种使用功能是环境设施外在的，也是让人对景观产生第一感知的主要因素。比如，休息座椅大多位于道路两侧，主要作用是供游人休息赏景，它不仅能够满足人们长时间的观景要求，更主要的是可以很好地满足人们对它的使用需求，景观的使用功能也在此体现出来了；再如，照明设施是使景观在夜间焕发魅力的主要工具，同时它又能够满足人们的照明需要，所以就要求设计师在进行照明设计的时候，不仅要考虑照明设施的美观性，还要考虑其良好的功能性。

（2）景观的审美功能

在研究景观使用功能的同时，自然会涉及视觉与情感、自然与人文、动态与静态等审美功能。景观设计的主要目的就是改善环境，使人们更加愿意进入环境当中，参与到景观之中，使人自身感到愉悦，景观设计就是要给人们带来最大程度的精神享受。在审美活动中，作为审美客体的环境与审美主体的人发生碰撞，迸发火花，使人对景观产生新的认识，对环境既产生保护作用，又能够产生创造作用。同时，环境给人以亲切感、认同感、引导感以及文化感。

（3）景观的保护功能

景观的保护功能主要体现在对自然生态的保护：一是改善气候，也就是一定面积的植物能够对一定区域的气温进行调节，减弱城市热岛效应；二是净化空气，减少噪声污染，改善卫生环境；三是保持水土、美化环境，进而提高环境的舒适度。景观的各种功能在环境当中都不是孤立存在的，而是综合出现的。例如，绿化的设置既能够美化环境，也可以对自然生态起到重要的保护作用。景观对环境的影响又是多个方面的，处在环境之中的人们对景观的渴望和需求会越来越大，所以了解景观的功能性是非常必要的。

6. 生态要素

景观的生态设计体现了人类对于人与自然和谐共生的美好愿望，它饱含人类对于生命的理解和对于土地和自然的敬重。"生态"这个词汇不仅出现在景观行业当中，更渗透到人与自然共处的每一个环节当中，它是人与自然和谐共生的重要体现，是人类在这片土地上得以延续的必要机制与方法。生态学在景观设计当中的运用，使景观设计的思想与方法有了重大转变，大大影响了景观的形象。随着生态设计在全球的影响和发展，更多的设计师站在理解生命与自然的高度上重新审视和思考现代景观的意义。

生态设计不仅停留在"绿色"的概念上，它具有更加宽泛的意义。生态设计的理念被运用在景观设计的整个过程当中，体现在景观设计的多个方面，如：保护与节约自然资本、对再生资源的运用、对材料的循环利用、对当地资源包括当地的乡土植物，以及水、自然风光的利用等。

（三）景观文化

1. 景观文化界定

沈福煦在《中国景观文化论》当中认为，景观文化是一种文化，与更多的社会文化性及社会伦理、习俗及观念形态有关，而且它还包含大量的艺术文化内容。中国的景观积淀着深厚的中国文化，形成一种独特的人文地理性质。陈宗海在《旅游景观文化论》当中提出，景观文化由景观的形、意、背景文化、阅读文化四个部分组成；俞孔坚在《景观：文化、生态与感知》一书中就有以"景观文化"为标题的文章，从中国传统文化的角度出发，从人与自然和谐相处的理想角度看传统景观中的生存环境意识。

国内有很多关于景观文化的阐述，但是作为一个开放性的新文化体系，景观文化一直没有明晰统一的定义。景观文化在本质上也属于一种文化，也具有广义与狭义之分，广义的景观文化主要指的是人类在营建景观的实践过程中所获得的物质、精神的生产能力与创造的物质、精神财富的总和；狭义的景观文化即物质景观文化。与人类生存的空间一样，景观文化也有自身的"虚实"之分，在构建文化景观的过程当中融入人的精神财富，即虚景观文化，如景观蕴含的人生观、价值观、审美观、社会观等精神产品，虚景观文化更多地属于非物质性、精神财富层次，更侧重于观念形态；实景观文化指融入人的精神财富的外在表现形式，如景物实体本身、景观的布局、营建法则等，实景观文化更多从属于物质性，可满足生理需求。

2. 景观文化的生成规律

景观文化在构成方面主要包括文化内涵、类型、特征三个方面。景观文化的内涵主要体现在物质与精神两个层面的不同程度。本书认为，在进行创新的过程中，应该优先赋予精神层面的文化先行性。比如，善于营造"意境""场所精神"的手法，通过有意而为的精神手法去改造相对来说比较活跃的物质文化。但是不得不承认，在现实生活当中物质文化构成景观文化的"根"，非物质文化构成景观文化的"本"，二者的共生关系决定了其不可分割的构成结构。在景观文化的类型划分上，景观文化的载体是物质景观，一般根据其物质属性的类别进行区分。也就是说，有什么样式的景观就会具有什么式样的景观文化。虽然评价各种类型景观文化结构所采取的方式较为灵活，但是景观文化也有其固有的总体特征，如继承性、积累性、融合性等。

我国周朝的《尚书·洪范》中记载："五行：一曰水，二曰火，三曰木，四曰金，五曰土。水曰润下，火曰炎上，木曰曲直，金曰从革，土爰稼穑。"提出了金、木、水、火、土的相生相克关系。景观文化的发展规律也处于诸多元素相互影响的背景之下，景观文化本质属性的发展要求不能片面地就文化谈文化，而应该使社会效益和经济效益达到和谐的程度，既要防止过分强调所谓"原生态"的"物本主义"，又需要防止过分服从人的经济利益需求，进行一些超越景观文化自身循环的极限行为。

3. 景观文化在城市历史地段的表现特性

第一，继承性。在城市发展的进程中会经历不同的历史时期，其中，景观可以体现不同历史阶段的众多特色，会将前后的脉络进行贯通，景观文化在时间变迁中会延续和继承。城市历史地段所表达的景观文化历经时间的冲刷，但其继承的特性并不会消减。

第二，积累性。历史地段主要指的是历史遗留下来的，在某一地区（城市或村镇）的历史文化上占有重要地位的，代表该地区历史发展脉络，并具有一定地域空间及历史环境特征的地段。地段中的建筑或许没有一座是文物保护单位，但从整体上看却具有非常完整而浓郁的传统风貌历史地段能够反映社会生活和文化的多样性，在自然环境、人工环境和人文环境诸方面，包含着历史特色和景观意象的地区，是一个地区历史"活"的见证。景观文化会随着时间不断地积累，历史地段赋予了其特有的含义，在时间的推移之下不断地沉淀与积累，从无到有、从少到多。积累的过程是漫长而富有曲折性的，在积累的过程中取其精华，去其糟粕，积累的结果体现着一个城市、一个民族乃至一个国家的文化精华。

第三，融合性。城市历史地段的融合性既能够指代多种其他艺术文化与景观文化之间的融合，也可以指在历史地段中各个民族、各个地域与景观文化之间的相互交流与融合。这里的景观文化并不是孤立存在的，其依附于城市，在城市与历史、城市与文化之间共存共生。景观文化的展现是一个小环境和大环境之间的融合，在多种形式下吸收与借鉴，在当时的社会需求下融合共生，形成自成一套的完整体系。

4.景观文化的结构

景观文化作为一种文化与普通意义上的广义的文化的结构是一样的。从层次的角度来看，景观文化能够分为三个层次，即物质层、艺术层及哲学层。首先，物质层是形成景观文化地域特色的一个基本因素。物质文化是景观文化的表层，是其发挥各种功能的重要基础，是人体感官能够直接感受的显性文化，受到时空条件的限制。因此，在一定的地理环境下、特定的地域内，人们能够获取或者可以使用的景观物质是受限制的，地质条件、气候环境的不同导致可选择的景观要素有所不同。同时，人们对景观的基本需求也会有所不同，如北方挡严寒、南方防酷暑等，进而要求人们选择各自适宜的景观要素。再者，物质层还会受到科学技术的限制。随着时代的发展，景观材料、景观技术在不断更新，景观要素形式多样化、科学化。景观材料的多样化、植物新品种的培育，以及玻璃、钢材、阳光板的应用等都展现着景观文化的时代性。景观文化的物质形态很大程度上受环境和技术的影响，地理气候比较稳定，而科学技术则变化非常快，所以物质层也是景观文化的活跃层面。

其次，哲学层是景观文化的深层内容，主要指的是社会观念在景观当中的反映，是对景观使用者的高层次满足。哲学层具有很强的独立性与延续性，是景观文化的稳定层面。

最后，艺术层是景观文化当中最关键也是最为重要的层面，通过结构、形式与制度等使哲学理念由物质形态表现出来，物质和哲学在该层面上得以结合，所以通常也被称为心物结合层。例如，北京的紫禁城，为了体现皇权至上的封建理念，运用围墙、屋宇左右轴对称，层层围合递进的空间关系予以表达。传统的四合院"主座朝南、两厢对称"，以一进一院的形式各自沿南北、东西方向排布的布局方式，体现的是一种中国传统文化中的"天—地—人"的礼制秩序。

总体上来说，物质层面是景观文化的"外貌"，景观文化的功能发挥的基础，景观文化的体现、继承和发展离不开植物、水、砖、石等景观的物质要素；艺术层面为哲学、观念的体现与景观社会功能的发挥提供保证；哲学层面是景观文化的灵魂，统帅艺术形式，把握物质形态。

四、现代景观设计概述

现代景观设计有别于景观设计、景观设计艺术，其存在自身的特殊时间节点和历史背景。而艺术形式的发展也是随着时间的推进和文化的转变不断变化。只有在厘清这些概念后才能为下文的探讨提供一个整体的基调；现代景观设计离不开设计的对象及其性质，只有明确认清设计的对象及其性质，才可以通过艺术形式的具体表现，有针对性地对现代景观设计进行展现和描摹；现代景观设计更离不开其类型，只有清晰地分辨出现代景观设计的不同类型，才可以挖掘艺术形式所要表现的深刻内涵。

（一）相关概念辨析

1. 现代景观设计

（1）广义的景观设计

刘滨谊教授认为，景观设计是一门综合性的、面向户外环境建设的学科，是一个集艺术、科学、工程技术于一体的应用型专业。其核心是人类户外生存环境的建设，故涉及的学科专业极为广泛，包括：区域规划、城市规划、建筑学、林学、农学、地学、管理学、旅游、环境、资源、社会文化、心理学等。

俞孔坚博士认为："景观设计是关于土地的分析、规划、设计、管理、保护和恢复的科学和艺术。"景观设计既是科学又是艺术，二者缺一不可。景观设计师需要科学地分析土地、认识土地，然后在此基础上对土地进行规划、设计、保护和恢复。例如，国家对濒临消失的沼泽地的恢复、对生物多样性丰富的湿地的保护，都属于景观设计的范畴。

景观设计是一门复杂的系统工程。它是多学科集合的交叉型学科，也是艺术与科学有效结合的产物。由于它所涉及的是人类户外生存环境的建设问题，而人类生存环境是动态发展的，因此，它的内涵和外延也处于动态的发展过程中。

（2）狭义的景观设计

景观设计是一门综合性很强的学科，其中场地设计和户外空间设计，即狭义的景观设计，是景观设计的基础和核心。狭义的景观设计主要是指基于环境美学，对城市居民户外生活环境进行设计，其主要要素是地形、水体、植被、建筑、公共艺术品等，主要设计对象是城市开放空间，包括：广场、步行街、居住区环境、城市街头绿地及城市滨湖、滨河地带等。狭义的景观设计不但要满足人类生活功能、生理健康上的需求，还要不断地提高人类生活的品质，丰富人的心理体验和精神追求。

从广义和狭义两种景观设计定义来看，景观设计和城市规划或城市设计可以结合成为城市景观规划，景观设计也可以和建筑设计结合起来形成室内外空间一体化设计。所以景观设计以处理人工环境和自然最优化组合及可持续性发展为目的。而现代景观设计则更强调尊重自然、尊重人性、尊重文化，生活、科技、文化的交融成为现代景观设计的源泉。现代景观设计不仅仅是"修建性"的规划与美化，更是建立在系统化思想基础上的全面重组与再造，具有动态多样、综合的效应。

现代景观设计思维具有系统性的特征，景观设计具有多目标的特征，空间、功能、形式、文化是现代景观设计必须统筹的四个基本方面，四要素彼此游离又高度聚合。空间、功能、形式、文化在各自维度中展开，可以通过"分析"去加以解析；而作为景观环境又是一个有机整体，不是四要素的简单叠加，而具有复合性的特征。权衡调节四个基本方面，使之在同一的景观环境中共生，因此现代景观设计需要通过以整合为基础的集约化思维进行。

2.景观艺术形式

艺术为设计提供了直接而丰富的形式语汇源泉，从原始艺术到现代艺术、后现代艺术，每一种艺术思潮和艺术形式都为景观设计师提供了丰富的设计语汇和创作灵感，景观与其他艺术形式之间有着十分密切的关系。景观设计与艺术的关系还要从景观（landscape）一词的出现讲起。景观最早被用来描述所罗门皇城的美丽景色，其含义重点强调视觉美学上的概念，等于汉语中的风景、景致、景色和英语中的 scenery。而现代英语中的 landscape 则源于16世纪的荷兰，是当时人们描述自然景色的绘画术语。英国园林师直接或间接地将绘画作为设计范本，创造了许多类似风景画的景观形式，使景观一词和造园联系起来。

艺术的形式对景观设计有着深远的影响，使景观设计的内涵和手法更加丰富，没有艺术的景观设计不够精彩，但景观设计与纯艺术又有区别，景观设计面临更加复杂的社会问题，需要对生态、人居环境品质进行综合考虑。景观设计涉及的不仅是景物本身，还包括景观基地的土壤、气候、文化、历史、生态、经济、城乡建设等要素，同时与景观设计的各要素科学、艺术、合理配置相联系。另外，在一切尊重植物生命及其生活环境的基础上，还要考虑未来使用者的特征和使用要求。可以说景观设计是一项以景物视觉体验为主体，以基地为载体，以技术为支撑，以设计为手段，形式与功能有机结合的艺术表达。

几种具有影响力的景观设计形式如下。

（1）后现代主义景观设计

从 20 世纪 70 年代开始，西方建筑界对席卷全世界的现代建筑的冷漠表现出了非常强烈的反感与批判情绪，以罗伯特·文丘里（Robert Venturi）与查尔斯·詹克斯（Charles Jencks）为代表的建筑师和理论家掀起了后现代主义建筑的历史序幕。后现代主义建筑体现了批判现代建筑的特点：历史主义、直接复古主义、新地方主义、文脉主义、隐喻和玄想，以及后现代式空间。它拓展到景观设计当中，使得景观设计的语言和形式更加丰富多样，以历史片段、符号、隐喻、戏谑、夸张等手段增加景观的人文内涵。具有代表性的后现代主义景观设计有 1980 年查尔斯·摩尔（Chris Moore）设计的新奥尔良意大利广场（见图 2-1），广场以历史片段的拼贴方式把古典建筑的柱式用不锈钢材料表现出来，意大利地图的地面形态及设计师本人的头像喷泉与浓郁鲜艳的色彩共同构成了典型的后现代主义的符号拼贴的大杂烩，充满了玩世不恭的、对经典挑战的意味。后现代主义丰富了景观设计的灵感，使现代景观向多元化方向发展。

图 2-1　新奥尔良意大利广场

（2）极简主义景观设计

极简主义是一种以简洁的几何形体为基础艺术语言的艺术运动，以单一简洁的几何形体或者数个单一形体的连续重复构成作品。极简主义作品的特征主要包括：非人格化、客观化，使用材料具有工业文明的时代感；形式简约明晰、颜色简化，构成强调非关联构图，追求抽象、简化和集合秩序。极简主义并不等同于简单化，极简主义景观设计的景观平面是比较复杂的，组成单元是较为简单的几何形，或者是单一的自然要素，使用人工秩序组织自然的材料。极简主义景观设计的代表人物彼得·沃克（Peter Walker），其景观作品充满了对秩序美的追求、对传统和古典的尊重与提炼、对自然物和人工材料的熟练运用，达到超越现代主义景观设计的新高度。德国慕尼黑凯宾斯基酒店（见图 2-2）是彼得·沃克当代极简主义景观设计的优秀作品，花园部分体现了古典园林绿篱的规则美和现代构成关系，通过重复和错位形成具有秩序的图案式构图，玻璃架内摆设盆栽植物形成花墙，花墙从室外延伸进室内，形成内外空间的连续感。彼得·沃克在他出版的《极简的庭园》和《看不见的花园》两部书里进一步阐述了他的极简主义设计思想。

图 2-2　德国慕尼黑凯宾斯基酒店

（3）解构主义景观设计

解构主义从结构主义演化而来，是对结构的破坏与分解，反对建筑设计中的统一与协调，反对形式、功能、结构、经济之间的有机联系；提倡不完整、无中心、片段和分解，以打散、分裂、错位、斜轴等手法进行表现。解构主义景观设计的典型实例是建筑师伯纳德·屈米（Bernard Tschumi）设计的著名的巴黎拉维莱特公园（见图 2-3）。他采用独立性很强、非结构化的布局方式有效地处理了这块复杂的场地，以点、线、面三个分离的体系重叠在整个场地上，并向园外延伸。"点"是 40 个红色的解构主义立方体建筑，以 120 m 的轴网独立排列，作为具有一定公共功能的构筑物和观景点；公园的线形体系构成全园的交通骨架，由两条长廊、几条笔直的林荫道和一条贯通全园主要部分的流线型游览路线构成；而"面"是由 10 个主题花园和草坪树丛组成的。三个体系以各自不同的秩序布局重叠在一起，形成强烈的交叉与冲突。无边界的公园与城市融为一体，成为市民喜爱的公共户外场所。

图 2-3　巴黎拉维莱特公园

（4）生态主义景观设计

随着工业的发展与人口聚居程度的不断加剧，城市环境被人造物覆盖，变得越来越脱离自然。一些景观设计师通过探索生态自然的景观来改善人类的生存环境的方法，把生态学思想运用到景观设计当中，将景观设计和生态学进行完美融合，实现人与自然的和谐相处，以及人类社会的可持续发展。在生态景观设计中，可以利用自然群落的景观属性改善场地生态系统，营造一个自然的生态系统。比如，杭州西溪湿地公园（见图2-4）就充分地利用原有的自然条件，大量的乡土植物和水系使场地生态得以恢复，公园的地域和文化氛围更加突出。通过生态恢复与促进、生态补偿与适应两大生态理念进行设计，充分利用自然能动性维持更新，最低限度地干预场地，达到最大程度促进自然系统物质利用和能源循环的作用。在四川美术学院虎溪校区（见图2-5）的建设中，充分利用原有地形，保持并促进原有自然生态系统，将人的校园活动融入乡土自然环境中，取得了良好的可持续发展效果。所以，生态景观设计能够很好地体现人与自然的和谐相处。

图2-4　杭州西溪湿地公园

图2-5　四川美术学院虎溪校区

（5）"高科技"风格

"高科技"风格首先是从建筑设计开始的，起源于20世纪30年代，但是成为一个完整的风格则是在20世纪70年代。"高科技"风格在理论上极力宣扬机器美学与新技术的美感，提倡采用最新的材料。现代西方景观设计师对传统景观观念进行了变革，他们在景观设计当中大胆地运用金属、玻璃、橡胶、塑料、纤维织物、涂料等新材料和灌溉喷洒、夜景照明、材料加工、植物搭配等新技术和新方法，拓展和丰富了环境景观的概念和表现方法。特别是使用多媒体等带有试验性质的探索，也是当代西方景观设计的重要标志。

（6）雕塑艺术、大地艺术与景观设计

雕塑与园林自古以来就是密不可分的，现代景观与雕塑艺术的联系更加紧密，除了作为景观的点缀与装饰之外，雕塑对景观设计的影响也得以进一步扩大。现代雕塑走向抽象，为其作为环境空间提供了可能。由于雕塑从室内向户外发展，雕塑的尺度不可避免地扩大，以至于人能参与雕塑、体验雕塑，使雕塑与人的关系更加密切。雕塑材料的日益丰富让自然的石、泥土、木材、风、雨元素等成为雕塑主体，使雕塑与景观进一步融合，景观设计的思路进一步拓宽，设计师用雕塑语言创造景观，丰富了景观的内容。比如，野口勇（Isamu Noguchi）既是一位雕塑家，同时也是一名出色的景观设计师，他用雕塑的方法塑造场地，其景观设计作品别具一格，充满了哲理与艺术美，引人深思。在耶鲁大学贝尼克珍藏图书馆下沉庭院（见图2-6）的设计中，野口勇用简洁的立方体、金字塔和圆环形体代表机遇、地球和太阳，白色大理石的材质与建筑形成整体，下沉庭院充满了超现实主义气氛。

图2-6　贝尼克珍藏图书馆下沉庭院

大地艺术继承了极简主义艺术抽象、简单的造型形式，是介于雕塑与景观之间的艺术形式，由于体量普遍较大，常给人震撼的视觉效果。大地艺术作品运用土地、岩石、水、树和自然力来塑造、改变已有的景观空间，场地就是作品的主要内容。大地艺术作为当代景观的一种独特形式，让更多艺术家参与到景观设计的创造中。

（二）现代景观设计的对象与性质

1. 服务对象

古典园林自它产生起就与美好的事物联系在一起，无论是伊甸园还是"天堂园"，都寄托了当时人们对舒适和优美环境的向往和追求。但在以农业与手工业生产为主的封建社会，古典园林是服务和从属于统治阶级的，领主、王侯、皇室拥有最多最好的园林。高墙内封闭的庭院使普通人难以窥视，也无法接近。随着社会的发展进步、民主自由思想的传播，欧洲的王室率先将公园向资产阶级开放，而后普通人也可自由出入。到 19 世纪，欧洲和美国出现城市公园运动，将"公共园林"置于重要地位，使园林的服务对象发生了根本性转变。时至今日，尽管在景观设计领域，私人园林始终占有一席之地，但现代景观关注和服务的对象是普通民众已是不争的事实。城市公共空间和公共园林成为现代景观设计的主流。

2. 性质

现代景观设计是一项涉及面广、综合性强、可变性大的复杂工作，需要在一定条件下将各种要求与可能结合起来。不仅受到多种因素的影响，而且还需协调与周围环境、建筑和其他设施的关系，符合城市总体空间与文化意象。

现代景观设计工作分为两个层次，即一般的设计工作和创造性的设计工作。这里的重点不是解决一般的城市绿化工作或环境治理工作，应首先要确定的是，现代景观设计是一项艺术活动，本书想研究的也是创造性活动过程中的性质问题。景观设计作为人居环境的三大支柱之一，在形成和塑造城乡物质环境方面具有不可替代的作用。景观设计也是与建筑设计、城市规划设计并列的三大设计领域，它自身具备的性质可大致概括为如下内容。

（1）景观设计与自然有着十分密切的关联

第一，景观设计处理的是外部空间环境，无论涉及城市空间、居住社区，还是自然风景区、建筑庭院；无论是自然空间，还是半自然空间或人造空间，它们都是户外的、开敞的、具有自然特质的空间环境。

第二，景观设计附着在土地上，受到特定场地的各种自然条件的作用和影响，包括自然、风向、大气、土壤、气候、降水、温度等各种自然因素，也包括如何运用这些自然因素进行创作。

第三，景观设计运用的主要材料是自然材料，也包括具有自然外观特性的人工材料，如山石、土壤、水体、植物、砖、木、混凝土等。在这个基础上，创造出符合自然生态规律、适于户外活动的空间或场所。

（2）景观设计需要具备科学理性的思维和精确的科学技术知识

第一，景观设计的宗旨在于保护自然景观、塑造人居环境，包括提供城市安全保护、防范污染、改善城市微气候，也包括寻求和论证人类开发活动与土地自然的平衡模式。这些工作均需科学理论的支持以做出理性决策。

第二，景观设计针对不同的使用者和使用目的，适应不同的基地条件，强调以人的心理行为作为依据，满足现代社会对户外游憩空间不同的功能需求。这就需要通过科学的观察、调查和分析，创造符合人们心理行为习性的空间环境。

第三，景观设计离不开多方面的科学知识和工程技术，包括天文地理、气象气候、生物生态等知识，也包括地形工程、土木工程、给排水和照明、植物的种植和养护技术等。

第四，景观设计还涉及多学科、多专业的整合，需要运用科学的思维和方法论，系统分析、缜密思考，辩证处理和最优化地解决问题。

（3）景观设计融合了艺术表现

理性是人类适应生存的思维形式，艺术则是一种对抗力量，代表了人对自由的要求。景观设计是一种融合了艺术的表现形式，它具有强烈的形式感和吸引力，令人视野开阔、精神振奋，产生前所未有的视觉美感和独特魅力。

第一，与其他艺术形式表现或象征自然不一样，景观设计直接介入自然，以各种构成方式使自然因素、技术与表现形式融为一体。景观设计形式是综合自然、功能、技术等多方面要求的内在合理、外在优化的产物。

第二，景观设计是一种空间艺术，既可观赏又可进入。因此景观设计形式大到空间布局结构，小到硬质设施的细节，以及植物的选择和配合都需精心设计，达到从整体到细节形成完整的景观艺术形象的目的。

第三，景观设计既肯定个体创作的广阔空间，又强调景观美的客观规律和理性分析，使景物、空间与人、自然保持和谐的关系。

（4）景观设计是功能与精神的融合

第一，景观设计的功能要求是设计的基本要求，相对建筑设计而言，从整体的城市空间到细部的尺度感受，从表面的装饰到各项设施的安排，景观设计的功能性相对多元、丰富和自由。

第二，景观设计满足实用功能要求，最终目的是支持"场所"内在的精神理想结构。

第三，把景观设计看作具有表层、中层、深层结构的统一体，物质功能和空间在表层，精神文化体现在深层，功能的营造成为精神的具体表现形式，二者构成了有机整体。

（5）景观设计是为了满足人的需要与景观追求

景观设计与人的生活密切相关，关系到人的活动、行为和精神生活，优秀的景观能为人类提供一个尽可能舒适、宜人的生活环境。

景观设计的目标顺应这一变化，进入追求高层次、多样化的新局面，更加注重创造有特征、有氛围、有归属感的场所。场所既具有实体形态的性质，也包含人的体验意义、归属性和领域性的具体表现。至此可以说，景观设计的性质是一种特殊的艺术创作，是以表达人类情感为根本，以实现景观艺术追求为目标的艺术创作。

（三）现代景观设计的类型

从现代景观设计的类型出发，通过对规模类型、环境类型、功能类型的区分，了解艺术形式在不同类型的现代景观设计中所扮演的角色，挖掘其背后的逻辑，不只是为了表现而注重形式，而是将艺术形式看成现代景观设计中一个自然而然的结果。

1. 规模类型

现代景观设计的对象千变万化，从规模尺度上可分为宏观、中观和微观三个层次。

宏观尺度多涉及地区及城市开放空间体系，如公园绿地系统、城市广场等公共开放空间，风景区和国家公园，城市绿道及自行车道，步行道网络等，具有较大的面积和较多的使用人群。宏观尺度的现代景观规划需要从地区或城市整体出发，综合考虑自然与人文资源及环境条件，协调好保护与开发的关系。开放性、可达性、连续性和公共性是其特征及内涵。

中观尺度的现代景观设计多涉及局部地区和具体对象，如公园、广场、居住区环境、大学校园、科技园区等，面积为数千平方米到数万平方米不等，服务于公众和特定人群。中观尺度的现代景观设计常常与具体项目相联系，需要解决好场地的生态、功能、视觉美学等方面的问题。功能分区、动线布置和空间组织是中观尺度景观设计的关键和重点。

微观尺度的现代景观设计多落实在较小的尺度范围内，包括建筑庭院、前庭或中庭、天井或后院、私家园林、街头绿地、小游园等。其大小从数百平方米到数千平方米不等。微观环境与人的感知息息相关，行为与心理的考量成为微观尺度的现代景观设计的关键点。例如，古典园林的设计令人产生步移景异、小中见大、目不暇接的感觉，形式感和景观审美更精细入微，对微观空间的设计具有启示意义。

不同规模尺度的景观设计需要不同的理念、方法和技术。

2. 环境类型

现代景观设计涉及各种不同的环境类型。从环境性质来看，主要有城市与乡村两种类型。城市环境是高度的人造环境，高楼、高密度、高容积率造成环境气候的变化：日照不足，空气、水体和土壤污染使城市环境恶化。而景观设计的对象——开放空间所提供的阳光、绿化是减缓城市环境污染的利器，营造舒适宜人的景观环境是现代景观设计的目标。就具体的城市环境而言，有城市中心区的建筑环境、自然景色优美的公园环境、边缘区的山水环境等。场地环境的差异对景观设计提出了不同的要求，城市建筑广场、步行街、滨水地带、山林景区，适应不同环境类型的现代景观设计塑造了丰富多样的城市景观形象。

乡村的自然环境大大优于城市，乡村景观建设应充分认识环境优势，正确处理好乡村环境保护与旅游、工业开发的关系。一方面，乡村景观反映了乡村发展的需求和内涵；另一方面，乡村景观建设还应引领文明健康的生活方式，注重和引导文化品位的提高。提升乡村环境品质的关键，包括保留清澈的河流湖泊、保护苍翠的山林景象、保住传统的民居村落。塑造新农村的景观形象，不是照抄照搬城市景观，而是在乡村大环境中塑造山水田园优美、乡愁记忆清晰的别具一格的景观形貌。

3.功能类型

现代景观设计是随着社会的发展进步而产生的，虽然在景观空间形态上脱胎于古典园林，但景观设计服务大众的宗旨超越了以往少数人享受美景的专属权利，适应和满足了人们对工作和生活环境的不懈追求。景观空间的服务功能各异，按服务对象有公共、半公共、专有、私有的类型区别，涵盖了居住、工作、娱乐、教育等具备现代意义的人居环境。景观的形式表现除了与规模尺度、环境类型相关，更重要的是与服务对象及功能类型相关。

现代景观设计体现了一般与特殊的关系。通常在景观设计中强调多元、多目标及自然生态、使用功能和环境审美的一般原则，说明了其区别于建筑环境、城市设计的特征与内涵。但针对景观设计自身，面对不同的使用和服务对象，其形式表现也有很大差别。例如，纪念性景观的庄严、娱乐性景观的喧闹、居住环境的亲切温馨、工作环境的明快简洁，它们之间的形式差异是可识别的、显而易见的。因此，强调类型差别是为了寻求景观设计形式的内在逻辑和规律，反映了景观设计形式的丰富性和类型的多样性。

五、景观生态学角度的现代园林景观设计

（一）景观生态学概述

景观生态学是生态学的一门新学科，从 19 世纪末开始，景观设计开始对自然系统的生态结构进行重新认识和定义，并对传统生态学进行了融合和渗透。景观作为一种在自然等级系统中较为高级的一层，随着人类改造自然步伐加快，开始强调生态系统相互作用、生物种群的保护与管理，以及环境的管理等理念，并逐渐成为人类在进行园林景观设计的过程中较为重要的法则。

1.景观生态学的概念

景观是由若干相互作用的生态系统镶嵌组成的异质性区域。狭义的景观是由不同空间单元镶嵌组成的具有明显视觉特性的地理实体；广义的景观是由地貌、植被、土地和人类居住地等组成的地域综合体。总的来说，景观是人类生活环境中视觉所触及的地域空间，可以是自然景观，包括高地、荒漠、草原等；也可以是经营景观，如果园、林地、牧场等；还可以是人工景观，主要体现经济、文化及视觉特性的价值，比如本书重点研究的园林景观及城市景观等。

生态学思想的引入，使园林景观设计的思想和方法发生了重大转变，也大大地影响甚至改变了园林景观的形象。园林景观设计不再停留在花园设计的狭小天地，它开始介入更为广泛的环境设计领域，体现了浓厚的生态理念。

景观生态学的研究开始于 20 世纪 60 年代的欧洲。早期欧洲传统的景观生态学主要是区域地理学和植物科学的综合，直到 20 世纪 80 年代，景观生态学开始迅速发展，并逐渐发展成为一门前沿学科。

景观生态学是研究景观结构、功能和动态、管理的科学，以整个景观为研究对象，强调空间异质性的维持和发展、生态系统之间的相互作用、大区域生物种群的保护与管理、环境资源的经营管理，以及人类对景观及其组成的影响。现代地理学和生态学结合产生的景观生态学，以生态学的理论框架为依托，吸收现代地理学和系统科学之所长，研究由不同系统组成的景观结

构、功能和演化及其与人类社会的相互作用，探讨景观优化用于管理保护的原理和途径，其研究核心是空间格局、生态学过程与尺度之间的相互作用。景观生态学强调应用性，并已在景观规划、土地利用、自然资源的经营管理、物种保护等方面显示出了较强的生命力。其中，在景观生态评价方面的发展尤为迅速。斑块、廊道和基质是景观生态学用来解释景观结构的基本模式，普遍适用于各类景观。景观中任意一点或是落在某一斑块内，或是落在廊道内，或是落在作为背景的基质内。

因为景观生态学的研究对象为大尺度区域内各种生态系统之间的相互关系，包括景观的组成、结构、功能、动态、规划、管理等。其原理方法对促进景观的优化和可持续发展有着直接的指导作用，因而在园林景观设计领域，景观生态学是非常有力的研究工具。

2.景观生态学的任务

景观生态学要求包括园林景观在内的景观规划应遵循系统整体优化、循环再生和区域分异的原则，为合理开发利用自然资源、不断提高生产力水平、保护与建设生态环境提供理论依据，为解决发展与保护、经济与生态之间的矛盾提供途径和措施。景观生态学的基本任务包括以下四个方面。

第一，景观生态系统结构和功能的研究。包括自然景观和人工景观的生态系统研究。通过研究景观生态系统探讨生态系统的结构、功能、稳定性等，研究景观生态系统的动态变化，建立各类景观生态系统的优化结构模式。

第二，景观生态系统监测与预警研究。这方面的研究主要针对的是人工景观，如园林景观，或者是人类活动影响下的自然环境。通过研究，对景观生态系统结构和功能的可能变化和环境变化进行预测。景观生态监测工作是在具有代表性的景观中对该景观的生态数据进行监测，为决策部门制定合理利用自然资源与保护生态环境的政策措施提供科学依据。

第三，景观生态设计与规划研究。景观生态规划是通过分析景观特性，对其进行综合评判与解析，从而提出最合理的规划措施，从环保、经济的角度开发利用自然资源，并提出生态系统管理途径与措施。

第四，景观生态保护与管理。利用生态学原理和方法，探讨合理利用、保护和管理景观生态系统的途径。通过相关理论知识，研究景观生态系统的最佳组合、技术管理措施和约束条件，采用多级利用生态工程等有效途径，提高光合作用的强度，提高生态环保及经济效益。保护生态系统、保护遗传基因的多样性、保护现有生物物种、保护文化景观，从而使景观生态为人类永续利用，不断加强生态系统的功能。

美国唐纳德溪水公园重新塑造了一个崭新的城市公园，从环保的角度保护了这片湿地，从经济的角度使用旧材料搭建了公园中的"艺术墙"，对全新的园林景观设计有了新的生态定义，成为一种最合理的规划措施。从公园街区收集的雨水汇入由喷泉和自然净化系统组成的天然水景；从铁路轨道回收的旧材料被重新利用并建造公园中的"艺术墙"，唤起人们对于铁路历史的记忆，而其波浪形的外观设计则能够给人以强烈的冲击感。在这个繁华的市中心地带，生态系统得到了恢复，人们甚至可以看到鱼鹰潜入水中捕鱼。艺术家在甲板舞台上举行各种文艺活动，孩子们来到这里玩耍，探索自然奥秘，而另外一些人则可以在这片优美的自然环境中一边充分享受大自然的芬芳，一边进行无限的冥想。

3.景观生态规划的原则

保护生物多样性、维护良好的生态环境是人类生存和发展的基础，但如今，环境恶化导致生态功能的失调，而设计合理的景观结构对保护生物多样性和生态环境具有重要作用。景观生态规划是建立合理的景观结构的基础，它在园林景观设计、自然保护区、土地可持续利用及改善生态环境等方面有着重要意义。景观生态规划的原则如下。

（1）自然优先原则

保护自然资源，如森林、湖泊、自然保留地等，维持自然景观的功能，是保护生物多样性及合理开发利用资源的前提，是景观资源可持续利用的基础。

（2）持续性原则

景观生态规划以可持续发展为基础，致力于景观资源的可持续利用和生态环境的改善，保证社会经济的可持续发展。因为景观是由多个生态系统组成的、具有一定结构和功能的整体，是自然与文化的复合载体，这就要求景观生态规划必须从整体出发，对整个景观进行综合分析，使区域景观结构、格局和比例与区域自然特征、经济发展相适应，谋求生态、社会、经济三大效益的协调统一，以达到景观的整体优化和可持续利用。

（3）针对性原则

景观生态规划针对的是某一地区特定的农业、旅游、文化、城市或自然景观，不同地区的景观有不同的构造、功能及不同的生态过程，因此，规划的目的也不尽相同。

（4）综合性原则

景观生态规划是一项综合性研究工作。景观生态规划需要结合很多学科，景观的设计也不是某一个人能独立完成的工作，而是需要一个团队来合作完成。除此之外，园林景观的设计也是基于结构、过程、人类价值观的考虑，这就要求在全面和综合分析景观自然条件的基础上，考虑社会经济条件、经济发展战略和人口问题，还要进行规划方案实施后的环境影响评价，只有这样，才能增强规划成果的科学性和应用性。

（二）景观生态学在园林景观设计中的应用

城市作为人居环境的典型，离不开生态系统，离不开空气、阳光和水。但是，随着工业化的发展，现代城市人居环境越来越向自然环境的异化方向发展，人类的居室、办公室受到人工控制的程度越来越大，城市的空间逐渐被人造物填充。在这种情况下，人们越来越依赖局部大气、温度、生态系统，能满足人类需要的只有城市中的园林景观生态系统。

1. 景观生态学与城市居住区园林景观设计

随着时代的发展和人们生活质量的提高，人们对居住小区的要求在不断提高，而小区内部的园林景观则成为人们日常生活的组成部分，在人们的生活中扮演着越来越重要的角色。因此，了解城市居住区园林景观的生态设计也是了解园林景观设计的重要组成部分，而景观生态学与城市居住区园林景观设计的关系也成为园林景观设计师需要了解的工作。

居住区的建设不仅影响城市的整体风貌，反映城市的发展过程，居住区的景观也是城市景观的主要组成部分。城市居住区景观具有生态功能、空间功能、美学功能和服务功能，其形态构成要素包括建筑、地面、植物、水体、小品等，景观生态建设强调结构对功能的影响，重视景观的生态整体性和空间异质性，因此，要充分发挥景观的各项功能，各构成要素必须和谐统一。

从城市居住区园林景观的功能看，其生态功能包括改善小气候、保护土壤、阻隔降低噪声、生物栖息等；其美学功能包括空间构成美（园林中的建筑、植物、水体等）和形态构成美（植物、铺地、小品等）；其服务功能包括亲近自然以得到心理的满足、休闲功能等。

北京北纬 40 度住宅小区位于北京市朝阳区，项目的名称来自其位置与纬度线。HASSELL 受托为 13.8 hm² 地块和一旁的 11.8 hm² 公共绿化公园进行景观设计，住宅小区景观主轴由 5 个主题住宅花园构成。从园林布局的角度看，北京北纬 40 度住宅小区采用串联景观艺术元素的方式将这些花园连接起来，使该小区中的每一个元素都为整个小区的设计服务，具有整体的意识。由于项目的所在地是北京市，当地对用水量有所限制，因此项目的另一特点就是水资源的高效使用。从长远来看，该小区独特的节水设计不仅环保，还为住户节约了水费。

2. 景观生态学与现代景观设计

景观生态学为现代景观设计提供了理论依据，从理论角度可以分为以下几点。

第一，景观生态学要求现代景观设计体现景观的整体性和景观各要素的异质性。景观是由组成景观整体的各要素形成的复杂系统，具有独立的功能特性和明显的视觉特征。一个完善、健康的景观系统具有功能上的整体性和连续性，只有从整体出发的研究才具有科学的意义。景观系统具有自组织性、自相似性、随机性和有序性等特征，异质性是系统或系统属性的变异程度。在景观尺度上，空间异质性包括空间组成、空间构型、空间相关等内容。

第二，景观生态学要求现代景观设计具有尺度性，尺度标志着对所研究对象细节了解的水平。在景观生态学的概念中，空间尺度是指所研究景观单位的面积或最小单元的空间分辨率；时间尺度是动态变化的时间间隔。因此，景观生态学的研究基本是从几平方千米到几百平方千米、从几年到几百年。

尺度性与持续性有着重要联系，小尺度生态过程可能会导致个别生态系统出现激烈波动，而大尺度的自然调节过程可提供较大的稳定性。大尺度空间过程包括：土地利用和土地覆盖变化、生境破碎化、引入种的散布、区域性气候波动和流域水文变化等。在更大尺度的区域中，景观是互不重复、对比性强、粗粒格局的基本结构单元。

景观和区域都在人类可辨识的尺度上分析景观结构，把生态功能置于人类可感受的范围内进行表述，这尤其有利于了解景观建设和管理景观建设对生态过程的影响。

第三，景观生态学提出，景观的演化具有不可逆性与人类主导性。人类活动由于普遍性和深刻性，对景观演化起着主导作用，通过对变化方向和速率的调控可实现景观的定向演变和可持续发展。景观系统的演化方式受人类活动的影响，如从自然景观向人工景观转化，该模式成为景观系统的正反馈。因此，在景观的演化过程中，人们应该在创造平衡的同时实现景观的有序化。

除了以上三点之外，景观生态学还认为景观具有价值的多重性，这既符合景观的价值，又符合园林景观的价值。园林景观具有明显的视觉特征，兼具经济、生态和美学价值。随着时代的发展，人们的审美观也在发生变化，人工景观的创造是工业社会强大生产力的体现，城市化与工业化相伴而生。然而，久居高楼如林、车声嘈杂、空气污染的城市之后，人们又期盼着亲近自然和返回自然，返璞归真成为时尚。因此，实现园林景观的价值优化是管理和发展的基础，进而要以创建宜人的园林景观为中心发展景观。适于人类生存、体现生态文明的人居环境，包括景观通达性、建筑经济性、生态稳定性、环境清洁度、空间拥挤度、景观优美度等内容，当前许多地方对居民小区绿、静、美、安的要求即是对生态文明的通俗表达。

美国加州麦康奈尔公园所在区域原本生态环境退化严重，PWP 事务所对其进行了修复。他们移除了表层土，种植了当地花草，重建了河岸区域，在公园靠外的边缘重新种植了橡树和松树。公园原先有四个池塘，设计师通过设计将其中的三个联系在一起，重建的大坝作为线性通道，入口处的通道与现有平面相吻合，绕开了橡树和柿子树林。入口广场上也种植了橡树，还有石砌码头、迷雾喷泉、带有黑色大理石喷泉的小岛等充满美感的景观。经过整修的公园景色更加美观，里面的植被发展前景也更好，能更好地为人类服务。美国加州麦康奈尔公园的特点不仅在于对原本的生态环境进行修复和重建，更在于将不同的景观进行解构和重构，使该景观成为一个完整的具有自组织性、自相似性和有序性的生态系统。

3.景观生态学与园林城市

生态规划设计作为城市景观设计的核心内容，是一种与自然相作用、相协调的方式。与生态过程相协调，意味着规划设计尊重物种多样性，减少对资源的剥夺，保持水循环，维持植物生长和动物栖息地的质量，有助于改善人居环境及生态系统的健康。生态规划设计提供了一个统一的框架，帮助人们重新审视城市景观、建筑的设计及人们的日常生活方式和行为。

城市景观与生态规划设计应达到相互融合的境地。城市景观与生态规划设计反映了人类的一个新梦想，它伴随着工业化的进程和后工业时代的到来而日益清晰。这个梦想就是自然与文化、设计的环境与生命的环境、美的形式与生态功能的真正全面地融合。城市景观与生态规划设计让公园不再是城市中的特定用地，而是让其消融，进入千家万户；让自然参与设计，让自然过程伴随每个人的日常生活；让人们重新感知、体验和关怀自然过程和自然设计。

黑龙江省佳木斯市是城市规划与生态规划相融合的典范。经过中华人民共和国住房和城乡建设部的综合评审，佳木斯市在组织领导、管理制度、景观保护、绿化建设、园林建设、生态环境、市政设施等方面均已达到国家园林城市的标准要求，成功晋升为国家园林城市。近年来，中国共产党佳木斯市委员会、佳木斯市人民政府始终把创建国家园林城市工作摆在重要位置，以保护植物多样性、推进城乡园林绿化一体化、实现人与自然和谐发展、建设生态文明城市为宗旨，以创建国家园林城市、构建东部绿色滨水城市为载体，统筹规划、依法治绿、依规兴绿、科技建绿，致力于把佳木斯市建成园林绿化总量适宜、分布合理、植物多样、景观优美的绿色之城。在城市规划的过程中，佳木斯市将绿化建设、园林建设、生态环境、市政设施等方面作为建设园林城市的重点统筹规划，可见其对景观生态建设的重视。

城市园林景观生态建设要把生态绿化提升到环境效益高度。城市园林作为一个自然空间，对城市生态的调节与改善起着关键作用。园林绿地中的植物作为城市生态系统中的主要生产者，通过其生理活动的物质循环和能量流动，如利用光合作用释放氧气、吸收二氧化碳，利用蒸腾作用降温，利用根系矿化作用净化地下水等，对城市生态系统进行改善与提高，是系统中的其他因子无法替代的。现在需要特别重视的是，在生态理念下采取有效措施优化城市绿化的环境效益。结构优化、布局合理的城市绿化系统可以提高绿地的空间利用率，增加城市的绿化量，使有限的城市绿地发挥出最大的生态效益和景观效益。

国家园林城市西宁市，气压低、日照长、雨水少、蒸发量大；太阳辐射强、昼夜温差大；无霜期短，冰冻期长；冬无严寒，夏无酷暑，是天然的避暑胜地，有"夏都"之称。随着经济的全面发展和国家支持力度的不断加大，西宁市以城市道路、广场、街头绿化带为骨架，以市区各单位、住宅小区为内环，开始实施"双环"战略。西宁市通过自身的规划和改造成为园林城市的标志和榜样，通过"双环"战略、整体规划、建景增绿等有效途径，改造了城市小环境，从而优化了城市绿化系统，这些城市规划改造活动为城市的生态效益和景观效益做出了贡献。

第二节　城市生态园林景观设计的构成要素

任何艺术门类都有自己的特定语言，正如绘画中的色彩、线条、明暗，音乐中的旋律、节奏。园林景观设计也有自己的语言 —— 园林构成要素。

园林是一种三维立体空间造型艺术，园林景观设计和其他造型艺术一样，离不开设计造型的基本语言：点、线、面、体、色彩、肌理、空间等。在园林环境和园林设计中，这些基本要素被转化为各种园林构成要素，即地形、水体、植物、道路、园林小品等。本节便主要对这些基本要素进行研究。

一、园林景观的地形要素

风景园林师通常利用种种自然要素来创造和安排室外空间，以满足人们的需要，在运用这些要素进行设计时，地形是最主要也是最常用的因素。地形既是一个美学要素，又是一个实用要素，是所有室外活动的基础，又是其他诸要素的基底和依托，构成整个园林景观的骨架。地形布置和设计的恰当与否直接影响园林景观设计。

（一）园林景观地形的类型及景观特征

1.平地

平地一般坡度小于3％，平坦、开阔，如草坪广场，统一性、整体性强，可灵活营造景观、布置建筑、栽种植物，便于开展各种室外活动。

2.坡地

坡地可分为缓坡和陡坡（土丘、丘陵）。缓坡常指微地形、平地与山体的过渡连接地带、临水的缓坡，坡度为3％～12％，能够营造变化的竖向景观，可以开展一些室外活动。对微地形的利用与处理，近年来越来越受到园林界的重视。缓坡草地、草坪为广大群众所喜爱。

陡坡常指坡度大于12％的倾斜地形，有利于欣赏低处的风景，可以设置观景平台，园路应设计成梯道，一般不作为活动场地，但有时也可利用地形特点营造富有特色的景观。

3.山体

山体分为可攀登的山体和不可攀登的山体。可攀登的山体可以形成供人欣赏的风景，也可登临其上，观看周围风景；不可攀登的山体常陡峭、挺拔、险峻，有危险，常仅为供人欣赏的对象。

4. 假山

假山分为湖石、黄石、青石等，常为景观焦点，可划分组织园林空间，也可点缀园林空间、陪衬建筑、植物等，或作为驳岸、挡土墙、花台等。

（二）园林景观地形的功能作用

1. 骨架作用

地形构成整个园林环境的骨架，影响园林的布局和风格。平地、坡地、山地、山水地形为不同风格园林的产生提供了天然条件。如，法国平坦的地形为规模宏大的"勒诺特尔式"园林格局提供了依托；意大利的山地丘陵为台地园林的形成提供了天然条件；我国起伏多变的山水地形为自然山水园林的产生奠定了基础。园林中的很多景点都源自与地形的巧妙结合，是借助于地形的变化而实现的，如依山而建的爬山廊、观景台、观景塔、瀑布、溪流等。

2. 构成空间作用

不同的地形会对人的视线形成不同程度的遮挡，从而形成不同的空间类型。如在平地上视线较为开敞，形成了开放空间；如利用垂直面界定或围合空间范围的坡地及山体，形成半开放或者封闭的空间。地形还可以构成引导游线的空间序列。

3. 景观功能

平坦地形舒适、踏实、一览无余、毫无遮挡，有较大面积的视域范围，为人们或坐或立观赏远景创造了条件；坡地设置的亭台为人们停留、欣赏途中景色提供了可能；山顶的平台、亭廊、塔、阁，可使人们极目远望，俯瞰远处的山林、河流、田地、村庄、城市；在四面围合的开敞地形中，人们能仰观、感受连续的画面景物；狭窄的谷地能引导人们不断前行，欣赏尽端的风景。地形设计可以创造出各种各样的观景条件，带给人们不同的视域和景域，消除疲劳、愉悦身心。

4. 改善小气候

地形能影响光照、降雨和风向，从而调节小气候。地形的阴阳面、陡缓坡创造了干湿、冷暖、向阳、背阴、迎风、避风等丰富多样的环境，能满足植物对环境的多样化需求及人们不同季节对光照和阴凉的需要。

5. 实用功能

地形为开展各种户外活动创造了室外空间，如在草坪上野餐、山林中漫步、水上泛舟、草地上打高尔夫球等。

6. 排水功能

在公园绿地等景观环境的排水设计中，依靠自然重力，即地表面排水，地形可以创造良好的自然排水条件。对一定坡度和坡长的地形起伏进行营造，将地形的分水线与汇水线进行合理安排，可以使地形的排水作用得到充分发挥，使良好的自然排水条件得以形成。

（三）地形的生态性设计

在生态景观设计中一定要充分考虑地形因素对设计的影响。合理地利用地形要素、因地制宜地进行生态景观营建，可以创造出特定的小气候，为动植物营造更适宜的生存环境。湿地作为三大生态系统之一，这种原始地形具有较高的生态价值，需要引起特别的关注。由于城市化进程的不断加快，湿地生态系统受到了严重侵扰，湿地的面积正在不断减小，质量和功能也逐渐退化。目前湿地系统存在一些问题：大量的污染物与废弃物聚集；滨水过渡地带的环境遭到大面积破坏；人们捕食活动导致动物的物种不断减少。湿地是保护城市安全、净化城市水体的重要景观地形，在生态景观设计中要注重对湿地的充分认识和保护。

二、园林景观的园路要素

园路是园林设计要素中与人关系最为密切的要素之一，也是园林绿地构图的重要组成部分，是联系各景区、景点的纽带。园路设计合适与否，直接影响园林绿地的布局和利用率。因此，园路需精心设计，因景设路、因路得景，做到步移景异。

（一）园路的类型

1. 按照园路的线性特点分类

（1）规则式园路

规则式园路场地主要为直线和几何曲线形，体现简洁、大方、严谨。常用于大型园林的主轴线、纪念性园林、规则式园林等。

（2）自然式园路

自然式园路场地主要为无轨迹可循的自由曲线和宽窄不定的变形路，体现曲线的自由流畅。多用于自然式园林。

（3）混合式园路

混合式园路场地指园中道路场地，部分为规则式、部分为自然式，二者自然地融为一体，是园林中应用较多的一种形式。

2. 按照园路的使用功能分类

（1）主要园路

园林中的主要园路也叫主干道，是指从园林主要入口通向全园各主景区、广场、主要建筑物、景点、观景点、管理区的道路，形成全园的骨架和环路，是游览的主干线。并适应园内管理车辆的通行要求，宽度常为 4～6 m，道路两旁应充分绿化，形成良好的景观和遮阴效果。

（2）次要园路

园林中的次要园路也叫次干道，是连接各景区内景点、景观、休息场地的道路。车辆可单向通过，为园内的生产管理和园务运输服务，宽度常为 2～4 m，也可连通景区的其他次要园路。次要园路自然曲度大于主要园路，常以优美舒展、富有弹性的曲线线条和植物一起构成有层次的园林风景。

（3）游步道

可以为游人提供散步休息的道路，称为游步道。游步道有多种形式，且采用自由的手法布置，可以引导游人进入园区的不同地方进行观赏。游步道宽度为 1.2～2 m，小径也可小于 1 m。健身步道铺设的是卵石，通过在卵石路上面行走对足底进行按摩，从而达到健身的目的，健身步道除了有健身的功能，还可以成为园区一景，这是现在较为流行的一种游步道。

（二）园路的功能

1. 组织交通的功能

园路具有与城市道路相连、集散疏通园区内人流与车流的作用。在设计时要考虑这些车辆通行地段路面的宽度和质量。通常情况下，园务道路可以和游览道路合用，但大型园林由于园务工作交通量大，有时还有必要设置园务专用道路和出入口。

2. 组织空间的功能

园路既可以组织景观空间序列的展开，又可以起到分景的作用。

3. 引导游线的功能

园路既可以引导人们到达各个景区景点，从而形成游赏路线。

4. 工程作用

许多水电管网都是结合园路进行铺设的，因此园路设计应结合综合管线设计同时考虑。

（三）园路的铺装

铺装是风景园林空间的重要组成部分，是其中各类活动的直接承载界面。

1. 铺装材料

铺装材料需要对视觉效果、耐久性和经济性进行综合考虑之后进行选择，根据铺装材料的特性可以将其分为松软的铺装材料、块料铺装材料和黏性铺装材料。

块状铺装材料包括各类表面经过打磨处理的石块、各类砖及贴面等。石块材料可以根据表面形式不同分为光面、麻面、火烧面、拉丝面、自然面、蘑菇面、荔枝面、凿面等；砖作为一种标准化的材料，经过设计和组合可以产生丰富的形式变化。

松软的铺装材料包括不同粒径的碎石子、沙子、树皮等，此类铺装材料不需要通过其他材料进行黏结，只需要将铺装材料以特定厚度覆盖在场地表面。其优点是松软生动，缺点是易变形，一般适用于使用强度小、人流少的道路和场地。

黏性铺装材料是可以通过加工变成流态的，凝固后可变为具有特定强度的、固态的铺装材料，包括混凝土、沥青和塑胶等。此类材料的优点是状态和表现均可以完美地铺装在各种不规则的场地上，另外其对人工的需求较小，适合应用于大尺度场地。

铺装材料的选择要根据铺装所在区域的功能及空间形式来确定，在满足功能要求的前提下进行美学方面的考虑。承载较大距离运动的园林空间，其铺装材料必须具备适当的弹性和摩擦力以保证使用者的安全，不用过于光滑的材料以避免特殊天气的打滑现象和烈日下过强的反光。

2. 铺装材料的作用

（1）导游作用

通过铺装构图能够对使用者做出一定的引导，尤其是在道路铺装的设计上，具有倾向性的铺装图案会驱使使用者做出特定的路径选择。因此，可以通过对主要游线上整体铺装的风格来引导使用者的前进路径。

（2）暗示浏览速度和节奏

铺装图案韵律的改变可以影响人的行进速度。一个常见的现象是很多行人会根据单位时间或单位脚步跨度的铺装基本单元的数量来感受自己的速度，从而做出调整。另外，铺装颜色的改变可以对人的情绪状态造成一定的影响，人的行为会对这种影响做出相应的反应。

（3）统一作用

在质感、色彩和平面图案方面，相对统一的铺装设计可以将具有不同特点的空间进行整合，使得整体风格相互协调。不过设计过程中需要把握"统一"与"完全一致"之间的区别。

（4）表示地面的用途

铺装的边缘或铺装图案的边线尽管不构成物理阻隔，却能形成人们的心理边界，通过这种方式可以界定特定功能空间的范围。另外，一些需要引人注意的空间可以通过鲜明的铺装来达到目的。比如，在有指示牌的地方设置区别于周边的硬质铺装，可以在视觉上形成对指示牌功能的暗示，使游客能够更加迅速地发现并使用该功能。

（5）提供休息的场所

那些能够有效隔离地面湿气并且不会藏污纳垢的地面铺装有的时候会成为使用者坐下休息的场所。不过一定要注意：干净、安全是使用者对休息场所的一项重要诉求。因此在一些使用者较多但流动性较弱的地点进行铺装设计时要注意考虑安全和卫生，并选择具有相关特点的材料。

（6）对空间比例的影响

铺装可以将一个完整的空间在视觉上分成许多较小的区块，也可以将分散的空间形成视觉上的联系，以此来达到调节人对于空间尺度印象的目的。例如，过大的空间可以通过铺装图案的设计使其变得亲切，通过对过大的广场空间边缘进行强调，不但可以将单一底面的体量变小，也可以限制使用者对空间形成过于空旷的感觉。

（7）构成空间个性

风格化的铺装可以衬托整个公园的主题。另外，许多杰出的设计师也通过带有特定图案或者文字的标牌来表达空间所具有的历史内涵。

（8）背景作用

作为基准面，铺装可以成为一些雕塑甚至建筑所在环境的背景。基于这一原则，根据不同的目的，将铺装设计或对比或统一来强化整个环境的氛围。

（9）创造视觉趣味

铺装设计也可以成为整个园林空间的亮点。例如，利用特定的线条和字母使空间变得活泼时尚；利用透视原理来营造视感错觉。

（四）园路的设计原则

第一，因地制宜，顺势辟路。这一原则指道路的设计应当与地形巧妙地结合，"路折因遇岩壁，路转因交峰回"，山势平缓则路线舒展，路线曲率大；山势变化急剧则路径"顿置婉转"。尤其在自然山体的山脊和山谷，有高有凹、有曲有深，所以山路讲究"路宜偏径"，要"临濠蜿蜒"，做到"曲折有情"。

第二，主次分明，自成体系。系统性是在进行园林道路设计时首先要考虑的问题。要对整个园区的总体布局进行考虑，对主路系统进行确定，并形成一个循环系统。一般入园后的园林道路并不是一条直线一直延伸到底，而是分为两条或三条道路一同前进。分叉路的设计主要起到"循游"和"回流"的作用。

第三，路的转折、衔接通顺，符合游人行走规律。

第四，要方便交通运输，同时要方便生产和管理。主路纵坡坡度宜小于8%，横坡坡度宜小于3%。

（五）园路的生态性设计

1. 园路设计的生态性探讨

（1）道路对理化环境的影响

道路对土壤的影响主要是对土壤结构和质地的改变，道路建设对土壤的要求与种植植物要求相反，后者要求土壤疏松、有团粒结构、有机质含量高，同时保水性好，有利于根系发育。但是这样的土壤结构会对路基稳定产生不利影响，因此路基上采用的土壤主要为生土，它结构紧密，几乎不含有机质，更是缺乏植物所需的营养成分。此外，路域土壤主要用于路基施工，路基挖填和压实等过程会进一步影响和改变土壤结构，还有许多施工遗留的废弃物，如水泥和石灰等也会对土壤质地产生不利影响。在道路运营过程中，由于汽车尾气泄露等因素的影响，土壤还会受到一氧化碳等物质的污染。

道路对地温的影响主要体现在道路路面的修筑改变了地气热交换界面，打破了原有地表的热平衡。如在多年冻土区，冻土区路面下的年平均地温均明显高于相应天然地表下的地温，地温变幅远大于相应的天然地表，其结果是通过路基进入多年冻土的热收支呈正平衡发展趋势，极大地改变了冻土环境，使得多年冻土退化、上限下降，诱发一系列冻胀、融沉、热融滑塌等冻融灾害，使得生态环境原本就很脆弱的寒冷地区环境更加恶化。

此外，修筑道路还会产生大气污染、水污染和噪声污染。因此，根据这些道路对理化环境的影响，在公园道路设计中应予以考虑并给出相应的设计策略。

（2）道路对生物环境的影响

道路对植物的影响在于道路改变了生命系统的某个组成部分，对植物群落整体产生影响。道路施工过程中的山体切削和道路在林中穿越，将砍伐部分森林，大量人流和车流的进入对乔木层、灌木层和草本层的破坏尤为明显，使局部群落的生物多样性降低，层次缺失和群落垂直结构发生较大改变。乔木层由于缺乏灌木及草本的保护，对环境的抵抗能力下降，易感染病害和遭受风折，植物群落对环境的适应调节能力降低，稳定性下降，并可能导致群落演替的停止，甚至逆行演替。

道路建设对动物的影响主要包括致死、移动格局等方面，其影响方式主要为破坏植被、阻隔通道等。道路对动物最直接的影响就是车辆撞击导致的死亡，即动物的道路致死。其中两栖类动物因经常在湿地与高地之间迁移，且行动缓慢，致死率最高。道路交通量的增加导致两栖类动物数量衰减，道路死亡率受道路宽度、车辆密度和道路密度影响。道路对动物移动格局的影响主要表现为：一方面，道路作为动物运动的通道，对运动起到促进作用；另一方面，道路改变移动格局表现为动物移动时对道路的回避。由于易被捕食和其他危险，与自然道路相比，道路的移动通道作用相对较小，动物直接沿道路移动的概率与车辆密度及道路两侧的生态系统类型有关，经研究，只有 10% 的小型哺乳动物能穿越 6 ～ 15 m 宽的道路。

2. 园路生态性设计

根据以上道路对环境的影响，可以得出如下结论：在进行道路设计时，通过道路竖向设计满足地表径流自然汇流；尽量缩小道路用地面积；道路勿穿越生境区域，避免对物种生存空间造成威胁；在满足通行的条件下，尽可能地缩小道路宽度；通过道路构造设计及材料的选用，使道路具有良好的透水性。

（1）合理的园路选线布局

①与地表径流的关系

地表径流一般是指由降水或冰雪融化形成的、沿着不同路径流入河流、湖泊或海洋的水流。地表径流主要利用水作为媒介进行传播的生态流，包括矿质养分、植物种子、昆虫、污泥、肥料、有毒物质等。如公园中的地表径流作为河流廊道，起着物种迁徙，提供水源、土壤和矿质养分等生态作用，因此在公园设计中，通过地形的竖向设计，要求地表径流自然地汇入河流、湖泊、湿地等水系统，成为水文循环的一个重要环节。

园路的修建阻碍地表径流，阻碍生物流和物质流，对物种的正常散布和迁移活动产生直接阻碍。例如，许多大型动物、爬行类及某些小动物先天的生态知觉使其能轻易地识别路面与林地的异质性，它们不愿穿过园路，避免暴露于敌害面前而遭受被捕食的危险。一些小动物，如蜗牛、蚯蚓、甲虫等也难以迁移到路面的另一侧。由于动物在取食过程中对种子的搬运、传播和储藏能促进幼苗的更新，因此，园路对动物的限制作用又进一步影响到植物。

园路的类型可以分为贴地式、架空式和二者的混合式。贴地式园路将会阻碍地表径流，不同类型的贴地式园路会对环境造成不同程度的影响。贴地式园路分为路堑型和路堤型，一般生态的园路设计采用路堤型，这样有利于横坡排水进入两边的绿地。架空式如带涵洞的道路、桥梁等是解决阻碍地表径流的方式，而架空式的园路往往造价较高，因此还可以采取混合式的园路形式以减少工程造价。

在考虑园路纵向地表径流时，通过园路竖向设计，保证雨水能顺利沿横坡或纵坡排入绿地或边沟，再汇入河流、湖泊；在考虑园路横向地表径流时，贴地式园路可分为单坡和双坡，园路单坡，有利于园路横向地表径流的通畅，在生境敏感地段，可以采用架空式园路。

《德国道路生态工法整体规划准则》规定，在河川、溪谷及湿地等地带，道路必须配合桥梁下方生态环境采取桥梁跨越方式，并避免车辆震动对水域生物繁殖的负面影响。在城市生态及自然保护地区与低洼、河谷地有切割之处，道路设计应采取桥梁跨越方式而少用路堤，同时桥梁下方空间应该尽量减少桥梁支撑结构物的地面面积，尽量保存桥梁下方原有地理环境。在采取自然化原则下，桥梁周围土地应种植灌木种类植物及草丛，以营造小型动物及两栖类物种的栖息地，以便其通过和觅食。

②与生境敏感地段的关系

生境是指一个生物体或生物体组成的群落栖居的地方，包括周围环境中一切生物的和非生物的因素。其中，非生物的因素包括光照、温度、水分、空气、无机盐类等，生物的因素包括植物、动物、微生物等。生境一词多用于类称，概括地指某一类群的生物经常生活的区域类型，也可用于特称，具体指某一个体、种群或群落的生活场所，强调现实生态环境。一般描述植物的生境常着眼于环境的非生物因子（如气候、土壤条件等），描述动物的生境则多侧重于植被类型。

首先，生境是场地原有良好的自然生境区域，主要通过保护、利用原有生态系统来实现其功能景观设计。该区域有其演变和更新的规律，同时具有很强的自我维持能力和自我恢复能力，形成自我调节的系统，维持着生态系统的平衡。其次，基地原有的自然生态环境一般、需要保护的生境，主要通过改善生境，营建具有地域性、多样性和自我演替能力的生境空间来保护生境环境。由于基地原始条件的制约较少，这类景观设计的发挥余地较大，但需重点考虑地域性生态环境和文化环境的作用。通过营造顺应地方生境条件的原生性，如地形、地貌特征、气候特征等，运用当地的地方性植物、材料、和建造施工技术进行生境营造，尊重并突出地方性特征。

在进行园路规划时，需要避免道路对生境区域进行人为分割，应该与生境区域保持一定距离，保证生物栖息地的完整性和生物可以栖息的有效面积。例如，水体和陆地自然过渡的区域为滩地或沼泽，是河流湿地系统内物种最丰富、结构最复杂的区域，为鱼类等多种水生生物提供栖息地、繁育环境和洪水期间的庇护所，许多鸟类也将巢穴安置在沼泽地中。如果沿岸修建园路，导致水体与陆地的联系被割裂，失去了林草的阻滞和过滤，水体容易变浑浊，影响沉水植物的光合作用。无论是动水或静水，道路与水体保持至少 10 m 的距离是十分必要的，这对于保持典型的水边植被和水生生态系统都是有利的。

③园路选线顺应地形

地形按坡度可分为平地、坡地和山地。园路与平地结合时，注意使平地有 3 ‰～ 5 ‰的坡度，利用地形的坡度组织排水，对雨水进行收集利用，使雨水直接流入水体或是种植洼地。园路与坡地和山地结合时，根据坡度可分为三种：缓坡园路，坡度在8％～12％；中坡园路，坡度在12％～20％；陡坡园路，坡度在20％～40％。坡度大于20°的陡坡地为生态敏感区域，对该地形进行道路修建会破坏敏感生物栖息地，同时大坡度的切坡会导致山体塌方、水土流失、植被破坏。应尽可能地选择缓坡和中坡来进行园路布线，根据顺应等高线原则，沿着等高线的道路选线最容易与景观调和，而且车辆和行人的行驶最为省力。

当坡地上一条沿着等高线方向行进的路段必须提高和降低其高程时，可以在道路线和等高线之间选一合适的角度，给出一个合适的坡度。

英国学者 J. 麦克拉斯基（J. McCluskey）曾说过："良好的道路选线应使自然地形，路线与原有的地形融合，而不是去触犯它。"设计中要求平面上曲折和剖面上起伏融汇于一条道路上，达到曲折有致、起伏顺势。道路顺应地形的变化而铺设、顺地形而起伏、顺地形而转折。

在我国许多地区，劳动人民开垦梯田来进行农作物种植，一方面可以减少田地开垦的工作量，另一方面可以最大限度地减少水土流失，这些梯田也形成了优美的自然肌理。这是我国人民尊重自然、顺应自然的表现。因此，顺应地形进行道路布线，不但是一种生态性的设计，同时也展示了具有人文意义的自然肌理。

三、园林景观的小品要素

园林小品是指园林中供休息、装饰、照明、展示和为园林管理及方便游人之用的小型设施。园林小品既能美化环境、丰富园趣，为游人提供文化展示、休息和公共活动的方便，又能使游人从中获得美的感受和良好的教益。

（一）园林小品的类型与功能

1. 园林小品的类型

（1）建筑类小品

建筑类小品是园林大环境的重要组成部分，它与山、水、植物有机结合，情景交融，构成了优美的风景画卷。"源于自然而高于自然"是中国园林创作的基本思想，而园林建筑小品往往正是情景交融的结合点。建筑类园林小品大多形式多样、造型厚重、构思奇妙而独特，具有点缀风景、围合划分空间、组织浏览路线等重要功能，带有很强的艺术性、观赏性和实用功能，在园林景观的塑造中往往起着非常重要的作用。从广义上讲，只要是修建于园林场所之中，如风景区、公园、小游园、建筑庭院等，具有较高美学价值和实用功能的小型建筑都可以称作园林小品。但在实际工作中，所说的园林小品，一般上是指亭、廊、榭、花架等景观建筑及游艇码头、小卖部、售票亭等具有观光要求的功能性建筑。

（2）雕塑类小品

雕塑类小品多位于室外，题材广泛、形式多样。好的园林雕塑可以带给欣赏者精神层面的艺术享受，并可反映一定阶段的社会风貌，能够较好地点缀园景，多成为园林某局部或整体的中心。

（3）植物类小品

植物是构园要素中唯一具有生命的组成元素，一年四季均能呈现出各种亮丽的色彩，表现出各种不同的形态，因而植物类小品兼备了随季节而变化的特性。植物类小品与园林植物密切结合，往往同时结合建筑、雕塑等景观元素，经常能起到独特的作用。同时，植物类小品也可以充分利用其色、香、形态作为造景主题，创造出具有不同意境的景观空间。

2. 园林小品的功能

（1）组景功能

虽然相对园林整体来说园林小品体量较小，但其在园林造景中却起着重要的组景作用。如有着新奇造型的围栏、圆凳等，均可与其他景物组合在一起，形成一组新的园林艺术景观。以颐和园邀月门附近景墙上开设的造型各异的漏窗为例，当有人在回廊间漫步的时候，便可透过漏窗欣赏到窗外昆明湖和湖中岛的景色，为游览者提供了一幅生动的立体画面，强烈地吸引着人们的视线。

（2）装饰功能

园林小品另一个重要的作用便是装饰园林景观。在一些园林建筑中，常常能看到利用小品对室内外空间的形式美进行加工的例子，如园林中特色的铺装、有着独特造型的花窗等，可使园林的艺术价值得到提高。例如，杭州西湖的"三潭印月"就是以传统的水庭石灯的小品形式"漂浮"于水面，使月夜景色更为迷人。

（3）使用功能

除纯粹的观赏性的小品外，一般园林小品都有具体的使用功能。例如，园灯用于照明，园桥、园凳用于休憩，解说牌及展览栏用于提供游园信息，栏杆用于安全防护、分隔空间等。一方面，要对园林小品进行艺术加工，使其更具景观效果；另一方面，更要注重其使用功能，即与技术上、尺度上和造型上的特殊要求相符合。

（二）园林小品的设计原则

1.巧于立意

园林小品作为园林中局部的主体景物，具有相对独立的意境，应具有一定的思想内涵，才能产生感染力。如我国常在庭院的白粉墙前置玲珑山石、山间古树三五、幽篁一丛，粉墙竹影，在有限的空间创造无限的意境。

2.布局合理

园林小品的设置要与周围的环境相协调，无论是作为园林的点缀还是作为主景，都应如此。园林空间有大有小、各不相同，这时便要根据园林空间的大小，对园林小品的体量进行确定。园林小品的实用功能是需要注意的一个重要方面，在对园林小品进行布局组合时，要以方便游人活动为前提，为游人带来更舒适的观景体验。

3.融于自然

园林小品要求人工与自然浑然一体，追求自然又精于人工，"虽由人作，宛自天开"是设计者的匠心之处。如在老榕树下放置树根造型的园凳，似在一片林木中自然形成的断根树桩，可达到以假乱真的效果。

（三）园林小品设计的发展趋势

1. 人性化

传统园林小品的设计以实用性和美观性为主，现代园林小品设计在此基础上增加了以人为本的理念，从人们的心理方面进行考虑，在数量、造型、体量、风格等方面都得以凸显，让园林小品更具人性化与亲近感。比如，在公共设施中为行动不便的人加设座椅、在园林道路两侧铺设盲道等，为和谐社会的发展与人们生活质量的提高做出极大贡献。

2. 生态化

近些年，城市中环境污染问题逐渐严重，城市在发展的同时开始强调生态化的重要性。园林小品作为景观建设与公共设施的基础，为了进一步突出景观的环保、生态与节能，逐渐在设计中使用更多的木材、石材及植物等天然材料，并且在整体设计中更加重视设计形式与设计结构，尽可能地将园林小品与周边环境相结合，从而营造出人工建造与自然和谐共生的良好氛围，将归于自然、源于自然的设计理念充分体现。

3. 艺术化

城市地域文化建设是城市文化发展的重要环节，园林小品作为地域文化建设的基础部分，其中包含着众多城市的文化历史，为我国整体精神文明建设提供重要支撑。而近些年随着精神文明建设的不断推进，人民群众逐渐对城市生态环境的内涵与艺术性提出了更高的要求。现代园林小品在这样的要求下以传统生态环境建设为基础，将设计手法向艺术化、个性化方面发展，并根据时代与城市的发展需求不断创新，以不同的物质形态表现方法触动人们的内心，以多变的艺术手法体现园林小品景观的效果。

4. 综合化

无论是在园林景观中还是城市公共基础设施中，园林小品一般都以群体综合性的方式出现，很少有单一个体存在的情况，传统园林小品通常会使用植物、建筑、雕塑等元素构建一个整体，以此来突出园林外观的协调统一。而现代园林小品则融入了更多元素，比如照明、音响、绘画等，大胆创新，使用新型技术将这些元素串联起来，展现出更为新颖、更为独特的景观效果，这种综合化不仅为人们提供更具冲击力的视觉享受，还进一步促进园林小品与周围环境要素有效结合，为园林小品未来的发展提供新的发展路线。

（四）园林小品的生态性设计

园林小品的设计既要考虑功能性与美观性的结合，又要考虑生态性。园林小品的建设材料，可以考虑使用场地遗存的废弃物，如废弃的红砖、拆除房子所遗存的钢筋、废弃的轮胎，以及有浓郁地方特色的材料，最大限度地体现生态的主题。景观灯、标识牌等也可采用太阳能收集装置以节约电能。在宣扬生态理念的同时，也节约了园林后期运营的耗费。

四、园林景观的水体要素

水是生命之源，人类从诞生之日起就与水有不解之缘。水是园林的灵魂，一些园林设计师称之为"园林的生命"，足见水体是园林景观的重要组成因素。虽然东西方园林崇尚的水景意趣各不相同，但都非常重视水体的运用。

（一）水的观赏特性

1. 水形美

"水随器而成其形"，早在我国古代就已认识到水的易塑性，运用"器"——水景中的水榭、步道、假山、驳岸等设施，延则可为溪，聚则可为池，可柔可刚，依需要将水雕琢出不同的型，就能充分发挥水的美。

2. 动静之美

水景有动静之分，水景中多以亭、榭、桥、假山来映衬静水。水面波平如镜，将周围远近景观皆映入镜中，主要表现形式为湖、池、泉等。水景中的动，主要有涌泉、瀑布等形式，以水的动表现水景的生气。"飞流直下三千尺，疑是银河落九天"就是对庐山瀑布最好的写照。

3. 水声之美

水景中利用水声，营造"鸟鸣山更幽"的意境，以水声来衬托静。如无锡寄畅园的八音涧，水流沿假山堆叠的水道流转，水流过处，泉水叮咚，比丝竹乐器之音有过之而无不及，使人越发感到园林景观的清幽。也可用水声来激发人的情绪，如瀑布的轰鸣，未见其形、先闻其声，仿如惊雷大作，又如万马齐鸣；又如听雨轩、听涛阁，借雨打芭蕉、卧听涛声之音成景，从另一个层面表现出水声之美。

4. 映射之美

宁静的水面具有形成倒影的能力。园林中，日月之辉、山石之形、亭台楼榭之相皆映射在水中，景中有水，水中亦有景，增加了水的观感。

（二）园林水体的类型

1. 按水的动静状态分类

动水有河流、溪涧、瀑布、喷泉、壁泉等。

静水有水池、湖沼等。

2. 按水体形成因素分类

自然式水体有自然界的湖泊、池塘、溪流等，其边坡、底面均是天然形成的。对于这类水体的设计尽量利用原有水面的形式，注重滨水景观的营造。

人工式水体有喷水池、游泳池等，其侧面、底面均是人工构筑物。人工式水体又分为自然式、规则式和混合式三种形式。

（三）园林水体的功能

1. 创造景观

自然界的水千姿百态，其风韵、气势及声响均能给人以美的享受，引起游赏者无穷的遐想，是人们艺术创作的源泉，因此水是园林风景中非常重要的景观。不论是皇家苑囿的沧海湖泊，还是私家园林、庭院的一池一泓，或是西方园林中的水池、喷泉，都有其独特的魅力，或包含着诗情画意，体现园林的理水手法，或展现东西方文化特色。现代园林中，动态的水景，如瀑布、跌水、叠水、水帘、水墙，常结合雕塑小品，其优美的形态和动听的声音最能吸引人的注意，常成为诸多景观中的焦点。

2.进行水上活动

在园林中，水体除造景外，还可利用水面开展各种水上活动，如钓鱼、划船、游泳、滑冰、赏花等；同时又能调节气温，增加空气湿度，排洪蓄水；还能养鱼和种荷，既增加游赏内容，又能增加经济效益。

3.作为景观基底和联系纽带

园林环境中的许多景点以水面为依托，形成良好的图底关系，从而使景观结构更加紧密、景观效果更加突出。水体还能串联不同景点，形成优美的景观序列。如杭州西湖的环湖游，将湖中和岸边分散的各个景点联系成一幅连贯的优美画面。

4.创造不同的环境氛围

水能制造各种气氛，给人以不同感受。如静水给人以平静、亲切感，引人凝神静思；动水能造成活泼、欢快的气氛，激发游兴；奔腾浩渺的江海能使人心胸开阔、精神焕发；涓涓细流和叮咚山泉能增加环境的幽静、深邃气氛；狭长的水体能显示出水流的奔流状态和激石之声，增加水的动势和力度；等等。此外，风、云、雨、雾的影响，舟帆、鸟鸥的点缀，都能为水体渲染出不同的氛围，使人心旷神怡。

（四）水体的生态性设计

生态景观设计应尽力减少水污染以及噪声污染这些负效应。设计中要考虑水的要素，通过对特性及环境保护的认知，做到以水建景、以景兴水、水城共生，将用水、玩水、观水等诉求与生态环境条件相结合。此外，声音要素也不可忽视，声音环境应与视觉景观相协调，与景观的历史、自然及风土人情相呼应，通过场景设置，增加自然声、人工声及生活声等，使人们产生联想与记忆，可以改变整个声环境的基调，使整个环境更富于层次与变化。带给人们方便、舒适、惬意、温馨的生活与工作环境，减少城市噪声和废气尘埃等负效应的存在。

五、园林景观的植物要素

植物是园林设计中有生命的题材，是园林景观中最富于变化的要素。植物种类丰富，有各自独特的观赏价值和美化、柔化等作用，合理栽植园林植物可使园林环境充满生机和美感。

（一）园林植物的分类与景观特征

植物种类繁多、形态各异，观赏特性也各不相同，分类方法各有侧重。如根据植物观赏特性，可分为观花类、观叶类、观茎类、观果类、观形类、芳香类、荫木类；根据植物的生态习性，可分为喜阳植物、耐阴植物、湿生和水生植物、耐寒耐旱植物及常绿和落叶植物等；根据园林植物的形态特点，可分为乔木、灌木、攀缘植物、花卉、草坪地被、竹类植物等。

在园林设计中，观花类、观叶类、观茎类、观果类、观形类、芳香类植物常为观赏焦点，在一般树种的陪衬下更能体现其观赏特性；荫木类树种通常作为庭荫树和行道树，有时也作为观赏主体；喜阳植物应安排在南向阳坡、光照充足的地方；耐阴植物多安排在北坡、树荫下或建筑阴影区；湿生和水生植物按其习性种植在水边或水中；等等。

（二）园林植物的功能

1. 植物的构建空间功能

空间感构筑是指由地平面、垂直面及顶平面单独或共同组合成的，具有实在性或暗示性的范围围合。植物可以用于空间的任何一个平面，在地平面上以不同高度和不同植物来暗示空间边界，构建空间。

2. 植物的观赏功能

植物的观赏功能主要体现在植物的大小、形状、色彩、质地及其组合变化上。姿态优美的高大乔木本身就是一种风景，低矮的地被花卉可成片种植形成美丽的花坛、花带。植物的色彩或鲜艳或淡雅、植物的枝叶或粗糙或细腻，用来陪衬、烘托景观，或成为观赏主体，形成优美的植物景观。

3. 植物的美学功能

植物的美学功能就是植物美学特性的具体展示和应用，其主要表现为利用障景与隐景、构成主景、形成框景等。

（1）主景功能

植物本身就可以成为一道风景，而那些有着奇特造型、丰富色彩的植物更是能吸引人们的注意。如空地中有一株高大的乔木，这株乔木自然会成为人们视线关注的焦点，成为景观中的主景。所有的植物都可以成为主景，关键在于设计师能否对其进行合理的安排利用。比如在草坪中，一丛花满枝头的紫薇花就会成为视觉焦点；在瑞雪过后，一株红梅会让人眼前一亮；在阴暗角落，几株玉簪会令人赏心悦目。

（2）障景与引景功能

古典园林讲究"山穷水尽、柳暗花明"，通过障景，使视线无法通达，利用人的好奇心，引导游人继续前行，探究屏障之后的景物，即所谓引景。其实障景的同时就起到了引景的作用，而要达到引景的效果就需要借助障景的手法，二者密不可分。比如道路转弯处栽植的植物，一方面遮挡了路人的视线，使其无法通视；另一方面也成为视觉的焦点，构成引景。

（3）框景功能

将优美的自然景色通过门窗或植物等材料加以限定，如同画框与图画的关系，这种景观处理方式称为框景。框景常常让人产生错觉，所见景观如同挂在墙外的图画，所以框景有"尺幅窗，无心画"之称，古典园林中框景的上方常常有"画中游"或者"别有洞天"之类的匾额。利用植物构成框景在现代园林中非常普遍，高大的乔木构成一个视窗，通过"窗口"可以看到远处优美的景致。

4. 植物的生态环保功能

植物的生态环保功能主要体现在两个方面：①保护和改善环境；②环境监测和指示作用。植物通过自身生理机制和形态结构净化空气、防风固沙、保持水土、净化污染。各种植物对污染物抗性差异很大，有些植物在低浓度污染下就会受到侵害，而有些在较高浓度污染下也不受侵害或受侵害很轻。

因此，人们可以利用某些植物对特定污染物的敏感性来监测环境污染的状况。由于植物生活环境固定，并与生存环境有一定的对应性，所以某些植物可以对环境中的一个因素或某几个因素具有指示作用。

5. 植物的柔化功能

植物景观被称为软质景观，主要是因为植物造型柔和、棱角较少，颜色多为绿色，令人放松。因此，在建筑物前、道路边沿、水体驳岸等处种植植物，可以起到柔化的作用。

6. 植物的经济功能

无论是日常生活，还是工业生产，植物一直都在为人类无私地奉献着。植物作为建筑、食品、化工等产业的主要原材料，产生了巨大的直接经济效益；通过保护、优化环境，植物又创造了巨大的间接经济效益。如此看来，如果在利用植物美化、优化环境的同时，又能获取一定的经济效益，这又何乐而不为呢？当然，片面地强调经济效益也是不可取的，园林植物景观的创造应该是在满足生态、观赏等各方面需要的基础上，尽量提高其经济效益。

（三）园林植物的种植形式

1. 规则式种植

成行成排或按几何图形种植植物，形成前后对称、左右对称或前后左右对称的规整式植物景观，植物有时还被修剪成几何形体或人和动物的造型，体现人工美。

2. 自然式种植

模拟自然界植物群落结构和视觉效果，形成富有自然气息的植物景观。我国传统园林和英国自然风景园中常采用这种种植形式。

3. 混合式种植

混合式种植指规则式与自然式相结合的种植形式。

4. 图案式种植

在园林设计中的重要节点或地段，为提高观赏价值、视觉效果，常对植物要素进行艺术组合，形成具有特殊视觉效果的抽象图案。

（四）植物种植结构与空间营造

1. 种植结构

植物是园林要素中丰富多变，且唯一具有生命力的要素。如何通过园林植物和其他设计要素相结合，共同构筑园林的整体空间结构是种植设计的本质体现。

植物种植结构层次在空间上主要分为平面结构和垂直结构两大类。平面结构类型侧重的是植物景观在平面构图上的疏密通透及前景、中景、远景的合理搭配，以及林缘线的组织；而垂直结构类型侧重的则是植物景观的林冠线的起伏和上层景观、中层景观、下层景观的纵向复合或单一模式的种植形式。

2. 平面结构类型

一般来说，根据人们视线的通透程度可将植物构筑的空间分为开敞空间、半开敞空间及封闭空间。设计师应使不同形态、规格及观赏特性的植物在平面构成不同的空间围合形式，改变长宽比等空间关系构成不同的空间类型。

园林植物形成的开敞空间是指在一定区域范围内，植物作为主要要素的空间，如大草坪，这类空间视线通透、开阔、无私密性。草坪、地被、低矮灌木都是构成开敞空间的天然基底植物，通过不同的高度和不同种类的基底植物来界定空间，暗示空间的范围能够形成典型的开敞空间。

半开敞空间就是指在一定区域范围内，四周不完全开敞，而是有部分视角用植物阻挡了人的视线，人的视线时而通透、时而受阻，富于变化。

封闭空间是空间各界面均被植物封闭，人的视线受到完全屏蔽。空间封闭，具有极强的隔离感。

3. 垂直结构类型

在园林植物设计中，植物群落的立体层次配置对形成功能合理、景观优美的植物景观非常重要。垂直结构上，种植层次可分为上木、中木、下木。上木的树冠和树干限制着空间范围，中木则在垂直面内完成空间围合或连接作用，常常形成较好的视线闭合环境，形成私密性。垂直观赏面构图中起决定作用的是植物的形状、大小、选用的树种和植物构图方式。

（五）植物的生态性设计

品种繁多的植物系统具有资金投入低、维持生态稳定性等特点，是大自然中生物多样性的基础，是生态景观设计的重要因素之一。在景观设计的植物要素设计上，要注意以下几点：第一，植物的配置上，应选择当地易繁殖的植物，不仅能保证生态稳定，更具生态景观作用与观赏性；第二，在植物培植上，要考虑植物种类的特征，因地制宜地选配植物种类，选配原则要以群落基础，将藤本、草、灌和乔合理地配置在群落中，还可以搭配上具有规则性或有独特风格的植物，展现出生态稳定、功能健全、结构合理的群落配置，有利于城市的生态平衡与可持续发展；第三，塑造垂直空间与环境差异，将不同特性的植物与本土植物搭配。不同的植物产生不同的生态环境，从而适宜不同种类的动物生存，有利于营造生物多样性。

第三节　城市生态园林景观设计的形式

一、园林景观设计的自然形式

（一）不规则的多边形

自然界存在很多沿直线排列的形体，例如，花岗岩石块的裂缝显示了自然界中不规则直线形物体的特点，它的长度和方向带有明显的随机性，正是这种松散的、随机的特点，使它有别于一般的几何形体。在景观设计中，为了避免使用太多的同直角或直线相差不超过10°的角度，就不要用太多的平行线。如果使用过多的重复平行线或者90°角，会导致主题显得死板。也要避免在设计中使用锐角，锐角将会使施工难以进行，人行道产生裂缝，一些

空间使用受限，不利于景观的养护等。

在加利福尼亚州旧金山的内河码头广场的鸟瞰图中，用不规则的尖角表达出遭地震破坏后的情感，是该广场在设计时所定下的概念性主题；在加利福尼亚州索萨利托的一个小海湾的广场中，有效使用细微的水平变化，使潮汐依次充满这一不规则的台地间或定时从中排出；在科罗拉多州比弗河溪边的小广场设计中，用一些不规则的平台逐渐延伸到水中；在得克萨斯州的一个城市水景广场中，用不规则的角度和平面去增强垂直空间效果，从而创造出充满激情的空间表达形式。尽管反复强调在人造结构中慎用锐角，但在自然界的不规则多边形中，却经常会有一些锐角。

（二）自由的螺旋形

自由的螺旋形可分为两类：一类是三维的螺旋体或双螺旋的结构，它以旋转楼梯为典型，其空间形体围绕中轴旋转，并同中轴保持相同的距离；另一类是二维的螺旋体，形如鹦鹉螺的壳，旋转体是由螺旋线围绕一个中心点逐渐向远端旋转而成的。例如，毛利人所使用的一种基本的设计形式叫作"koru"，它的形状像正在伸展的树蕨叶子，主干末端带有螺旋曲线。它仅是螺旋线的一种变体，这样的变体在自然界还存在很多种。

毛利人的画家和雕刻家通过对"koru"进行不同方式的组合，设计出了许多有趣的景观形式，反过来，这些形式又激起人们对自然界其他形体的遐想，如波浪、花朵、叶子等。把螺旋线进行反转，可以得到其他形式的图案。以螺旋线上的任意一点为轴，都可以对其进行反向旋转，如果这一反转角度接近90°，就会产生一种强有力的效果；把反转的螺旋形同扇贝形和椭圆形连在一起，就会衍生出一些自由变换的形式；一些松散的螺旋形和椭圆形组合在一起，可以创造出具有层次的次级空间。

（三）卵圆和扇贝形图案

如果把椭圆看成脱离精确的数学限制的几何形式，就能画出很多自由的卵圆。这些图形是以相当快的速度绘制而成的，每一个卵圆都重复了几圈。

通过这些重复，能把不规则的点和突出的部分变得更加平滑。自由漂浮形式的卵圆很适于步行道的设计，根据空间大小调整卵圆的尺寸，进而设计出这种循环的模式。

为了适应理念性方案中空间和尺寸的需要，有时必须改变这些图形的大小和排列方式。在修改它们使之代表确定的实物之前，如果这些图形需要相交，确保它们之间的交角是90°或接近90°。并且要注意的是，由这些图形的外边界连接成的图形和由它们的内边界连接而成的图形具有不同的特征，如果改变一组自由卵圆的相交角度，就能得到一组与之完全倒转的图形。因此，为给场地创造一些有趣的形式，可以交换或来回移动部分卵圆。

（四）分形几何学

在自然界中有一些图案似乎完全不符合欧几里得几何学，就如同词语"多枝的""云状的""聚集的""多尘的""旋涡形的""流动的""碎裂的""不规则的""肿胀的""紊乱的""扭曲的""湍流的""波纹的""螺纹的""像小束的""扭曲的"所描述的图像。一般认为不定型的形式有很大的不规则性和内在的无秩序性，但有一个数学的分支叫作"分形几何学"，它试图去给这些明显无序的、自然发生的图案以秩序。伯努瓦·曼德勃罗（Benoit Mandelbrot）在他的《大自然的分形几何学》一书中用数学方法系统化了一些看起来不定型、无规则的形状，把它们看作是不规则的、无系统的，是随机的、松散的。不规则的有机设计形状激起一种生长、发展、轻浮、自由的感觉。

（五）蜿蜒的曲线

就像正方形是建筑中最常见的组织形式一样，蜿蜒的曲线或许是景观设计中应用最广泛的自然形式，它在自然王国里随处可见。来回曲折的平滑河床的边线是蜿蜒曲线的基本形式，它是由一些逐渐改变方向的曲线组成的，没有直线。

从功能上说，蜿蜒的曲线是设计一些景观元素的理想选择，如某些机动车和人行道适用于这种平滑流动的形式。在空间表达中，蜿蜒的曲线常带有某种神秘感，沿视线水平望去，水平布置的蜿蜒曲线似乎时隐时现，并伴有轻微的上下起伏之感，就如包含着环状气泡的冰块一样。平滑的曲线也有很多有趣的形式，和直线的特点一样，曲线也能环绕形成封闭的曲线。当这种封闭的曲线被用于景观中时，它能形成草坪的边界、水池的驳岸或者水中种植槽的外沿。总之，这些形状给空间带来一种松散的、非正式的气息。

为了能画出自由形式的曲线，最好使用徒手快速画线法，即保持手指不动，只让肩关节和肘关节用力，努力画出平滑、有力的波形条纹，避免产生直线和无规律的颤动点。

（六）生物有机体的边沿线

一条按完全随机的形式改变方向的直线能画出极度随机的图形，它的随机程度是前面所提到的图形（蜿蜒的曲线、松散的椭圆、螺旋形等）无法比拟的。这一"有机体"特性能很好地在大自然的实例中被发现。

例如，自然界植物群落或新下的雪中，经常存在一些软质的、不规则的形式。尽管形式繁多，但它们拥有一种可见的秩序，这种秩序是植物对环境的变化和那些诸如水系、土壤、微气候、火灾、动物栖息地等不确定因素的反映结果。

有机体的形式可以用一个软质的随机边界表示。在一个硬质的边界，如断裂岩石的随机边界中，也可以发现有机体的形式。自然材料，如未雕琢的石块、土壤、水、植物等，很容易展现出生物有机体的特点；而人造的塑模材料，如水泥、玻璃纤维、塑料，也能表现出生物有机体的特点。这种较高水平的复杂性把复杂的运动引入设计中，能增加观景者的兴趣、吸引观景者的注意力。

（七）聚合和分散

自然形体的另一个有趣的特性是二元性。它将统一和分散两种趋势集于一体：一方面，各元素像相互吸引一样丛状聚合在一起，组成不规则的组团；

另一方面，各元素又彼此分离成不规则的空间片段。

景观设计师在种植设计中用聚合和分散的手法，创造出不规则的同种树丛或彼此交织和包裹的分散植物组。成功创造出自然丛状物体的关键是在统一的前提下，应用一些随机的、不规则的形体。例如，围绕池塘的一组石块可通过改变大小、形状和空间排列而成，有些石块应该比其他的大一些；一些石块因空间排序和形状需要必须突出于水面，另一些则需沿着池岸拾级而上；一些石块要显示出高耸的立面，而另一些却要强调平面效果。这组石块通过大致相同的色彩、质地、形状和排列方向统一在一起。

当设计师想由硬质景观（如人行道）向软质景观（如草坪）逐渐转变时，或想创造出一丛植物群渗入另一丛植物群的景象时，聚合和分散都是很有用的手段。一个丛状体和另一个丛状体在交界处以一种松散的形式连接在一起。

二、园林景观设计的几何形式

（一）90°／矩形主题

90°／矩形主题是最简单和最有用的几何元素，它同建筑原料形状相似，易于同建筑物相配。在建筑物环境中，正方形和矩形或许是景观设计中最常见的组织形式，原因是这两种图形易于衍生出相关图形。

用90°的网格线铺在概念性方案的下面，就能很容易地组织出功能性示意图；通过90°网格线的引导，概念性方案中的粗略形状将会被重新改写；那些新画出的、带有90°拐角和平行边的盒子一样的图形，就赋予了新的含义。在概念性方案中线条代表抽象思想，如圆圈和箭头轮廓分别代表功能性分区和运动的走向；而在重新绘制的图形中，新绘制的线条则代表实际的物体，变成了实物的边界线，显示出从一种物体向另一种物体的转变，或者是一种物体在水平方向的突然转变。在概念性方案中用一条线表示的箭头变成了用双线表示的道路的边界，遮蔽物符号变成了用双线表示的墙体的边界，中心点符号变成了小喷泉。

这种 90° 模式最易于中轴对称搭配，它经常被用在要表现正统思想的基础性设计中。矩形的形式尽管简单，也能设计出一些不寻常的有趣空间，特别是把垂直因素引入其中，把二维空间变为三维空间以后，由台阶和墙体处理成的下陷和抬高的水平空间的变化，丰富了空间特性。

（二）120°／六边形主题

作为参照图案，这个主题可以看作以等边三角形或者六边形组成的网格。网格覆盖在方案平面图上，一个六边形的景观元素设计可以被描画出来。当采用含 120° 角的图案的时候，没有必要把材料的边缘按照网格线来描画，但是却必须始终和网格线平行。

根据概念性方案图的需要，可以按相同尺度或不同尺度对六边形进行复制。当然，如果需要的话，也可以把六边形放在一起，使它们相接、相交或彼此镶嵌。为保证统一性，应尽量避免排列时旋转。欲使空间表现得更加清晰，可用擦掉某些线条、勾画轮廓线、连接某些线条等方法简化内部线条，但要注意，这时的线条已表示实体的边界。避免使用 30° 和 60° 的锐角，其原因同 45° 的锐角道理一样，它们都是不适合、难操作或危险的角度。

根据设计需要，可以采取提升或降低水平面、突出垂直元素或发展上部空间的方法来开发三维空间，也可以通过增加娱乐和休闲设施的方法给空间赋予人情味。

（三）135°／八边形主题

多角的主题更加富有动态，不像 90°／矩形主题那么有规则，多角的主题能给空间带来更多的动感。135°／八边形主题也能用准备好的网格线完成概念到形式的跨越，把两个矩形的网格线以 45° 相交就能得到基本的模式。

重新画线使代表物体或材料的边界和标高变化的过程很简单。因为下面的网格线仅是一个参照模板，故没必要很精确地描绘上面的线条，但重视其模块，并注意对应线条之间的平行还是很重要的。当改变方向时，主要的角度应该是 135°（有一些 90° 角是可以的，但是要避免 45° 角）。在大多数情况下，锐角会引起一些问题，这些点产生张力，狭窄的垂直边感觉上像刀一样让人不舒服，小的尖角难于维护，狭窄的角常常产生结构的损坏。

（四）椭圆形

椭圆能单独应用，也可以多个组合在一起，或同圆组合在一起。椭圆从数学概念上讲，是由一个平面与圆锥或圆柱相切而得，相切的角度是不能平行于主要的水平或垂直轴的斜切线的。椭圆可被看成是被压扁的圆，绘制椭圆最简单的方法是使用椭圆模板，但用模板绘制的椭圆可能不是太扁就是太圆，难以满足需要。

（五）多圆组合

圆的魅力在于它的简洁性、统一感和整体感，它也象征着运动和静止的双重特性。单个圆形设计出的空间能突出简洁性和力量感，多个圆在一起所达到的效果就不止这些了。多圆组合的基本模式是不同尺度的圆相套或相交，从一个基本的圆开始，复制、扩大、缩小，圆的尺寸和数量由概念性方案所决定，必要时还可以把它们嵌套在一起代表不同的物体。当几个圆相交时，把它们相交的弧调整到接近90°，可以从视觉上突出它们之间的交叠。用擦掉某些线条、勾画轮廓线、连接圆和非圆之间的连线等可以简化内部线条。连接如人行道或过廊这类直线时，应该使它们的轴线与圆心对齐。避免两圆小范围地相交，因为这将产生一些锐角，也要避免出现相切圆，除非几个圆的边线要形成"S"形空间。在连接点处反转也会形成一些尖角。

（六）同心圆和半径

首先，准备一个"蜘蛛网"样的网格，用同心圆把半径连接在一起，把网格铺于概念性平面图之下；其次，根据概念性平面图中所示的尺寸和位置，遵循网格线的特征，绘制实际物体平面图，所绘制的线条可能不能同下面的网格线完全吻合，但它们必须是这一圆心发出的射线或弧线；最后，擦去某些线条以简化构图，与周围的元素形成90°角的连线。

（七）弓形

圆在这里被分割成半圆、1/4 圆、馅饼形状的一部分，并且可沿着水平轴和垂直轴移动而构成新的图形。首先，从一个基本的圆形开始，把它分割、分离，再把它们复制、扩大或缩小；其次，根据概念性方案决定所分割图形的数量、尺寸和位置，沿同一边滑动这些图形，合并一些平行的边，使这些图形得以重组；再次，绘制轮廓线，擦去不必要的线条，以简化构图，增加连接点或出入口，绘出图形大样；最后，通过标高变化和添加合适的材料来改进和修饰图纸。

三、园林景观设计的非常形式

（一）相反的形式

故意把不和谐的形体放在同一个景观中能导致一种紧张感，把相互冲突的形式作为对应物布置在一起，会引发一种特殊的情感。如一个广场内，地面铺装的花纹和设计的矮墙之间不一致的、对立的关系会引起视觉上的不适。

"不完全正确"的形式也是故意引入紧张情绪的一种方法。因为人们的意识中都有一个完美的形象，并且会下意识地去追寻它，当人们看到一个有凹痕的圆，就会下意识地试着把它画完整。一些观景者看到一处缺点，可能就会失望地离去；另一些观景者可能知道，这是故意设计的不协调并会寻找其原因。将景观以不相容的形式叠加，会造成对立的形式，即把一种物体放置到与其明显无关的另一物体之上。例如，在一个弯曲的种植床或地面弯曲的线条上叠加一个带垂直拐角的直线形的座凳，如果不把座凳当成一个整体去观察，那些相互交叠的点就会成为景观中引起紧张的点；如果把它们看作一个个独立的空间，或许会协调一点。某步行商业街中存在着几种对立的形式：曲折的墙、直线形的镶边、不规则的石头边界、直线形的台阶、三种不同的铺装模式。所有这些以一种古怪的、非理性的关系混合在一起，没有任何统一，或许打破这些规则后，才能创造出奇怪的模式。

（二）锐角形式

某些条件下，通过精心安排，锐角也能成功地与环境融为一体。建筑师贝聿铭（Ieoh Ming Pei）就很擅长把尖角引入他的作品中，锐角与正常的直角线条不同。同样，在一些城市广场中也有很多尖锐的边，它们的位置设计得很巧妙，从而不至于给人们带来危险。

（三）解构

解构是故意把物体或空间设计成一种遭破坏、腐烂或不完全的状态。解构是抓住人们视线的秘密武器，根植于最初的设计概念和目标之中。尽管这种方法可能超乎寻常，但它绝非新鲜物，很多英国古典园林就用这种"腐蚀"结构以表达久远之感。采用外观新颖的材料和熟悉的结构营造出古老的、破损的、部分毁坏的、衰败的景观，从而给人以摇摇欲坠的感觉，是设计师追求的一种目标。这种手法对想表达毁坏含义的设计，如战争、地震、侵蚀、火灾等，具有增强效果。墙和相应的建筑可作为破坏性建筑形式来欣赏，或可提醒人们这里是地震易发地区。

（四）变形和视错觉的景观

空间的视错觉在室外环境设计中非常有用。狭长空间的末端可通过空间形式和垂直韵律的控制拉近或推远。有一些给人留下深刻印象的壁画作品，如一块闲置的地皮因墙体上部空间和漂浮的海贝引起幻觉而呈现一派海洋景观。

扭曲变形就是应用熟悉的物体时改变它们正常的方式、位置或彼此联系。例如，有的人体模型花园可能会有很多人不喜欢，功能性也不强，但观察者却会对这一连串违背常规的做法表示惊喜。

（五）标新立异的景观

这里的标新立异是指那些不同寻常却没有危害的设计师，他们同样富有创造性并充满活力。他们设计的作品常常不合常规，甚至打破常规，在形式、色彩、质地方面包含一些"疯癫的"有趣成分。

第三章　城市居住区景观生态可持续设计

第一节　城市居住区绿地功能与组成

一、居住区绿地的功能

（一）生态防护功能

1.防护作用

（1）保持水土，涵养水源

居住区绿地对保持水土有非常显著的功能。由于树冠的截流、地被植物的截流及地表植物残体的吸收和土壤的渗透作用，绿地植物能够减少和减缓地表径流量和流速，因此起到保持水土，涵养水源的作用。

（2）防风固沙

某些居住区会受周边环境大风及风沙的影响，当风遇到树林时，受到树林的阻力作用，风速可明显降低。

（3）监测空气污染

许多植物对空气中的有毒物质具有较强的抵抗性和吸收净化的能力，这些植物对居住区绿化都有很大的作用。但是一些对有毒物质没有抵抗性和解毒作用的"敏感"植物在居住区绿地中也有重要作用，这些植物对一些有害气体反应特别敏感，易表现受害症状，可以利用它们对空气中有毒物质的敏感性作为监测依据，以确保人们能生活在符合健康标准的居住环境中。

（4）其他防护作用

居住区绿地对防震、防火、防止水土流失、减轻放射性污染等也有重要作用。居住区绿地在发生地震时可作为人们避难的场所；在地震较多的城市及木结构建筑较多的居住区，为了防止地震引起的火灾蔓延，可以用不易燃烧的植物作隔离带，既有美化作用，又有防火作用；绿化植物能过滤、吸收

和阻隔放射性物质，降低光辐射的传播和冲击波的杀伤力。

2.改善环境

（1）净化空气

居住区绿地能吸收烟灰、粉尘，分泌杀菌素，减少空气中的含菌量，从而减少居民患病的可能；能通过光合作用吸收二氧化碳，释放出大量氧气，调节大气中的碳氧平衡；能吸收、降解或富集二氧化硫、氟化氢、氯气和致癌物质、安息香等有害气体，从而减少空气中的有毒物质含量，并具有吸收和抵抗光化学烟雾污染物的能力。

（2）改善居住区小气候

居住区绿地可以调节居住区温度，减少太阳辐射，尤其是大面积的绿地覆盖对气温的调节则更加明显，立体绿化可以起到降低室内温度和墙面温度的作用；居住区绿地植物还可以通过叶片蒸发大量水分来调节居住区湿度；居住区绿地植物具有通风防风的功能，植物的方向、位置都可以促进气流运动或使风向得到改变。

（3）净化水体

居住区绿地中的水常受到居民生活污水的污染而影响环境卫生和人们的身体健康，而植物有一定的净化污水的能力，许多植物能吸收水中的有毒物质并在体内富集，富集的程度可比水中有毒物质的浓度高几十倍至几千倍，从而使水中的有毒物质的含量降低，使水体得到净化。而在低浓度条件下，有些植物在吸收有毒物质后，可在体内将有毒物质分解，并转化成无毒物质。

（4）降低光照强度

植物所吸收的光波段主要是红橙光和蓝紫光，而反射的光主要是绿色光，所以从光质上讲，居住区绿地林中及草坪上的光线具有大量绿色波段的光。这种绿色波段的光比广场铺装路面的光线更加柔和，对眼睛具有良好的保健作用，而就夏季而言，绿色光能使居民在精神上感到舒适和宁静。

（5）降低噪声

植物是天然的"消声器"。居住区植物的树冠和茎叶对声波有散射作用，同时树叶表面的气孔和粗糙的毛就像多孔纤维吸声板，能把噪声吸收，因此，居住区绿地具有隔声、消声的功能，使环境变得较为安静。

（6）净化土壤

居住区绿地植物的地下根系能吸收大量有害物质而起到净化土壤的作用。有些植物根系分泌物能使进入土壤的大肠杆菌死亡；有些植物根系分布的土壤中好氧细菌较多，能促使土壤中的有机物迅速无机化，既净化了土壤，又增加了肥力。

（二）美化功能

随着人们生活水平的不断提高，人们的爱美、求知、求新、求乐的愿望也逐渐增强。居住区绿地不仅改善了居住区的生态环境，还可以通过千姿百态的植物和其他园艺手段，创造优美的景观形象，美化环境，愉悦人的视觉感受，使其更具有振奋精神的美化和欣赏功能。优美的居住区环境不仅能满足居民游憩、娱乐、交流、健身等需求，更使人们远离城市而得到自然之趣，调节人们的精神生活，陶冶情操，获得高尚的、美的精神享受与艺术熏陶。

居住区绿地中，可通过植物的单体美来体现美化功能，主要着重于形体姿态、色彩光泽、韵味联想、芳香及自然衍生美。居住区绿地植物种类繁多，每种植物都有自己独具的形态、色彩、风韵、芳香等美的特色。这些特色又随季节及年龄的变化而有所丰富和发展。例如，春季梢头嫩绿、花团锦簇；夏季绿叶成荫、浓荫覆地；秋季果实累累、色香俱全；冬季白雪挂枝、银装素裹，一年之中，四季各有不同的风姿与妙趣。一般说来，居住区绿地植物观赏期最长的是株形和叶色，而花卉则是花色，将不同形状、叶色的树木或不同色彩的花卉经过妥善的安排和配植，可以产生韵律感、层次感等种种艺术组景的效果。

居住区绿地的美化功能不仅体现在植物单体美上，还体现在植物搭配及与构筑物结合的绿地景观美上。居住区绿地中的建筑、雕像、溪瀑、山石等，均需有恰当的植物与之相互衬托、掩映，以减少人工做作或枯寂的气氛，增加景色的生趣。如庭前朱栏之外、廊院之间对植玉兰，春来万蕊千花，红白相映，会形成令人神往的环境。

居住区环境的美化功能体现在绿地景观上，景观有软质景观、硬质景观和文化景观之分。由于居住区内建筑物占了相当大的比例，因此，环境绿地的设计应以植物、水体等软质景观为主，以园林构筑物、铺装、雕塑等硬质景观为辅。文化景观与之相互渗透，以缓冲建筑物相对生硬、单调的外部线条。园林植物种类繁多、色彩纷呈、形态各异，并且随着季节的变化而呈现不同的季相特征。大自然中的日月晨昏、鸟语花香、阴晴雨雪、花开花落、地形起伏等都是自然美的源泉，设计者要进一步运用美学法则因地制宜地去创造美，将自然美、人工美与人文美有机地结合起来，从而达到形式美与内容美的完美统一。

（三）使用功能

1. 生理功能

处在优美的绿色环境中的居民，脉搏次数下降，呼吸平缓，皮肤温度降低。绿色是眼睛的保护色，可以消除视觉疲劳。如果绿色在人的视野中占25％时，可使人的精神和心理达到最舒适的状态，保护身体健康。

2. 心灵功能

优美的绿色环境可以调节人们的精神状态，陶冶情操。优美清新、整洁、宁静、充满生机的绿化空间，使人们精力充沛、感情丰富、心灵纯洁、充满希望，从而激发了人们为幸福去探索、去追求、去奋斗的激情，更激发了人们爱家乡、爱祖国的热情。

3. 教育功能

在城市绿地中，园林植物是最能让人们感到与自然贴近的事物，儿童在与绿地植物接触的过程中，容易对各种自然现象产生联想与疑问，从而激发儿童对人与其他生物、人与自然的思考，激发他们更加热爱自然、热爱生活。

优美的绿地环境，具有优美的山水、植物景观，它体现着当地的物质文明和精神文明风貌，是具有艺术魅力的活的实物教材，除了使人们获得美的享受外，更能开阔眼界，增长知识才干，有益于磨炼人们的意志、增加道德观念。

4.服务功能

服务功能是绿地的本质属性。为居民提供优良的生活环境和游览、休憩、交流、健身及文化活动等场所，始终是绿化的根本任务。

绿地应当为居民提供丰富的户外活动场地，具有满足居民多种户外活动需求的功能。居民最基本的户外活动需求是与自然的亲近和与人的交往，为了增进人与自然的亲和力，绿地应尽量减少绿篱的栽植，多种植一些冠大荫浓的乔木和耐践踏的草坪，使人能进入其内活动，尽情享受自然环境的乐趣。同时要注意不同空间的分离，因为居民的年龄、文化层次、兴趣爱好各不相同，活动的内容也不尽一致，因此，应充分考虑为不同人群提供不同的使用空间。在空间的划分上，既要开辟公共活动的开敞式空间，也要考虑设置一些相对私密的半开敞空间，二者互不干扰，又互相衔接、过渡自然。为方便居民使用，绿地中应设置适量的铺装、道路、桌凳、凉亭、路灯，以及小型游乐设施和文化活动设施。可结合园林小品加以布置，增加小品设施的观赏性、趣味性。

（四）文化功能

具有配套的文化设施和一定的文化品位是当今创建文明社区的基本标准。绿地对居住区的文化具有重要作用，不仅体现在视觉意义上，还体现在文化景观设施上。这种绿化与文化设施（如园林建筑、雕塑、水景、小品等）共同形成的复合型空间，有利于居民在此增进彼此间的了解和友谊，有利于大家充分享受健康和谐、积极向上的社区文化生活。

不同民族或地区的人民，由于生活、文化及历史上的习俗等原因，对绿地中的不同植物常形成带有一定思想感情的看法，有的更上升为某种概念上的象征，甚至人格化。例如，中国人对四季常青、抗性极强的松柏类植物，常用以代表坚贞不屈的革命精神；而对富丽堂皇、花大色艳的牡丹，则视其为繁荣兴旺的象征。另外，由于树木不同的自然地理分布，会形成一定的乡土景色和情调，它们在一定的艺术处理下，便具有使人们产生热爱家乡、热爱祖国、热爱人民的思想感情和巨大的艺术力量。一些具有先进思想的文学家、诗人、画家，更常用植物的这种特性来借喻、影射、启发人们，因此，居住区绿地植物又常成为美好理想的文化象征。

（五）生产功能

居住区绿地除具有以上各种功能外，还具有生产功能。一方面，居住区绿地的生产功能指大多数的园林植物均具有生产物质财富、创造经济价值的作用。如某些大型居住区可以利用部分绿地种植兼具有观赏价值和经济价值的植物，如叶、根、茎、花、果、种，以及其所分泌的乳胶、汁液等，都具有经济价值或药用、食用等价值。有的是良好的用材，有的是美味的蔬果食物，有的是药材、油料、香料、饮料、肥料和淀粉、纤维的原料。总之，创造物质财富，也是居住区绿地的固有属性。

另一方面，由于对园林植物、园林建筑、水体等园林要素的综合利用，提高了大型居住区公共绿地的景观及环境质量，因此，居住区可以通过向居住区外人员开放并收费等方式增加经济收入，并使游人在精神上得到休息，这也是一种生产功能。

总之，居住区绿地的主要任务是美化环境，改善居民的生活、游憩环境，其生产功能的发挥必须从属于居住区绿地的其他主要功能。生态功能、美化功能和教育、心灵、心理、服务功能，以及生产功能是居住区绿地环境设计的基本要素，它们各不相同，但又互相联系、缺一不可。居住区绿地可以划分为公共绿地、生态防护景观绿地、形象景观绿地和休闲游憩景观绿地等功能区域，不同功能区域的功能各有侧重。如生态防护景观绿地侧重的是生态功能，而公共景观绿地和休闲游憩景观绿地则侧重美化功能及其使用功能。然而，一个高质量的居住区绿地环境必定是各种功能的完美统一。因此，在进行居住区绿地生态规划设计时应将这几个方面有机地结合起来，从而为居民提供一个舒适、优美、实用的宜居环境。

二、居住区绿地的组成

（一）居住区公共绿地

居住区公共绿地作为居住区内全体居民共同使用的绿地，是居住区绿地的重要组成部分，应根据居住区不同的规划组织结构类型，设置相应的中心公共绿地，包括居住区公园（居住区级）、小游园（小区级）和组团绿地（组团级），以及儿童游戏场和其他块状、带状公共绿地等。

居住区公共绿地是居民进行邻里交往、休憩娱乐的主要活动空间，也是儿童嬉戏、老人聚集的重要场所。居住区公共绿地最好设在居民经常来往的地方或商业服务中心附近。公共绿地与自然地形、绿化现状结合，布局形式为自然式、规则式或二者混合式，**植物多为生态保健型，有毒、有刺、有异味的植物应用较少**。居住区公共绿地用地大小与全区总用地、居民总人数相适应。

1.居住区公园

居住区公园是居住区级的公共绿地，它服务于一个居住区的居民，具有一定活动内容和设施，是居住区配套建设的集中绿地，服务半径为 0.5～1.0 km。

居住区公园是居民休息、观赏、游乐的重要场所，布置有适合老人、青少年及儿童的文娱、体育、游戏、观赏等活动设施，且相互间干扰较少，使用方便。功能分区较细，且动静结合，设有石桌、凳椅、简易亭、花架和一定的活动场地。植物的配置以便于管理为原则，以乔、灌、草、藤相结合的生态复层类植物配置模式为主，为居住区公园营造一个优美的生态景观环境。

2.居住区小游园

居住区小游园是居住小区级的公共绿地，一般位于小区中心，它服务于居住小区的居民，是小区配套建设的集中绿地。小游园规模要与小区规模相适应，一般面积以 0.5～3 hm² 为宜，服务半径为 0.3～0.5 km。

居住区小游园应充分利用居住区内某些不适宜的建筑及起伏的地形、河湖坑洼等条件，主要为小区内青少年和成年人日常休息、锻炼、游戏、学习创造良好的户外环境。园内分区不宜过细，动静分开。静区安静幽雅，地形变化与树丛、草坪、花卉配置相结合，小径曲折。小游园也可用规则式布局形式，布局紧凑，游园内除有一定面积的街道活动场所（包括小广场）外，还设置有一些简单的设施，如亭、廊、花架、宣传栏、报牌、儿童活动场地及园椅、石桌、石凳等，以供小区内居民休息、游玩或进行打拳、下棋及放映电影等文体活动。小游园的景观以种植树木花草为主，园内较多采用当地常见的树种，一般以"春天发芽早，秋天落叶迟"的树种居多，花坛布置以能减轻园务管理劳动强度的宿根草本花卉为主。

居住区小游园与周围环境绿化联系密切，但也保持一个相对安静的静态观赏空间，避免机动车辆行驶所造成的干扰。

3. 居住区组团绿地

居住区组团绿地在居住区绿地中分布广泛、使用率高，是最贴近居民、居民最常接触的绿地，尤其是老人与儿童使用方便，是居民沟通和交流最适合的空间。一般一个小区有几个组团绿地，组团绿地的空间布局分为开敞式、半封闭式、封闭式，规划形式包括自然式、规则式、混合式。

组团绿地结合住宅组团布局，以住宅组团内的居民为服务对象。居住区组团绿地的重要功能是满足居民日常散步、交谈、健身、儿童游戏等休闲活动的需要。绿地内设置有老年和儿童休息活动场所，离住宅人口最大步行距离在 100 m 左右。每个组团绿地用地小、投资少、见效快，面积一般在 0.1 ~ 0.2 hm^2。

4. 居住区其他公共绿地

居住区的其他公共绿地包括儿童游戏场和其他的块状、带状公共绿地。

（二）居住区宅旁绿地

居住区宅旁绿地是居住区绿地的一种最基本绿地形式，一般包括建筑前后及建筑物本身的绿地，多指在行列式住宅楼之间的绿地，是居住区绿地内总面积最大，且分布最为广泛的一种绿地类型。宅旁绿地也是居民出入住宅的必经之地，与居民联系最为紧密，具有私密性、半私密性的特点。

宅旁绿地的面积大小及布置位置受居住区内的建筑布置方式、建筑密度、间距大小、建筑层数，以及朝向等条件影响。宅旁绿地能形成比较完整的院落布局，绿地可集中布置，形成周边式建筑绿地。行列式能使住宅具有较好的朝向，因此是目前采用较多的住宅区规划形式，而行列式布置的建筑之间，除道路外常形成建筑前后狭长的绿地。此外还有混合式和点状式布置的建筑，其绿地的布置也应与建筑布置相协调，一般建筑密度小、间距大、层数高，则绿地面积大，反之则绿地面积小。

（三）居住区配套公共建筑所属绿地

居住区配套公共建筑所属绿地，又称专用绿地，指在居住区用地范围内各类公共建筑及公用服务设施的专属绿地。主要包括居住区学校、商业中心、医院、垃圾站、图书馆、老年及青少年活动中心、停车场等各场所的专属绿地。

托儿所、幼儿园一般位于小区的独立地段，或在住宅的底层，需要一个安静的绿地环境。托儿所、幼儿园包括室内和室外两部分活动场地，其中，室外活动场地设置有公共活动场地、班组活动场地、菜园、果园、小动物饲养地等。托幼机构绿地的植物种类多样，景观效果及环境效应良好，气氛活跃。绿地植物不宜多刺、恶臭和有毒，以免影响儿童健康。

商店、影剧场前设置具有人群集散功能的宽敞空间，这些区域的绿化能满足交通和遮阴的要求，且具有艺术效果。锅炉房附近留有足够面积的堆煤场地（尤其是北方）和车辆通道，周围以乔灌木居多，可以与周围区域隔离。

（四）居住区道路绿地

居住区道路绿地指居住区内主要道路两侧的绿化用地及道路中央的绿化带，包括行道树带、沿街绿地及道路中央的绿化带。居住区道路绿地是居住区绿地的重要组成部分，具有遮阴防晒、保护路面、美化景观等作用，也是居住区"点、线、面"绿地系统中"线"的部分，具有连接、导向、分割、围合等作用，能沟通和连接居住区公共绿地、宅旁绿地等各种绿地。

居住区内除较宽的主干道能够区分车行道与人行道外，一般道路都是车行道和人行道合二为一的。道路两侧以行列式乔木庇荫为主，较窄的道路两侧植物以中、小乔木为主，如女贞、棕榈、柿、银杏、山楂等；较宽的道路通常在人行道与车行道之间、通道与建筑之间设绿带。

第二节　城市居住区绿地植物选择与配置

一、居住区绿地植被选择与配置的依据和标准

由于居民每天大部分时间都在居住区中度过，居住区绿地的主要服务对象以老人和儿童为主体。因此，居住区绿地规划设计要把杀菌保健功能放在首位，最大限度地发挥植物改善和美化环境的功能，植物配置力求科学、合理、规范。居住区绿地植物要在提高植物种植丰实度的基础上，构建观赏型、保健型等乔木、灌木、草本、藤本有机结合的复层人工植物群落，以最大限度地发挥植物的生态效益。在植物配置上，应体现出季节的变化，做到"三季有花，四季常青"，在植物种类上要应用一定的新优植物。

（一）以乡土树种为主，突出地方特色

居住区绿化应强调以植物造景为主，植物选择以乡土树种为主，外来树种为辅，着重突出地方特色。乡土树种是经过长期的自然选择留存的植物，反映了区域植被的历史，对本地区各种自然条件具有较好的适应性，易成活、生长良好、种源多、繁殖快，还能体现地方植物特色。乡土树种是构成地方植物景观的主要树种，是反映地区自然生态特征的基调树种，也是植物多样性就地保存的内容之一。因此，无论从景观因素还是从生态因素上考虑，居住区绿地树种都必须优先选用乡土树种。一些外来的树种经过引种驯化后，特别是其原产地的生长环境与本地区近似的树种、一些适应性较强的优良树

种也可以引进，用作居住区绿化树种。乡土树种与外来树种结合，可以丰富树种的选择，增加居住区人工复层植物群落的多样性和稳定性。

（二）考虑季相和景观的变化，乔、灌、草、藤有机结合

在居住区，人们生活在一个相对固定的室外空间，每天面对着相同的居住环境，因此增强居住区季相和景观的变化显得较为重要。良好的居住区环境绿化除了有一定数量的植物种类以外，还应有植物类型和组成层次的多样性作为基础。应采用常绿树与落叶树、乔木和灌木、速生树和慢生树、重点树种与一般树种相结合的植物配置方式。对于北方城市居住区的绿化，要注意常绿树的比例，达到四季常青的效果。速生树与慢生树结合，可以尽快达到理想的、长远稳定的绿化效果，绿篱、花卉、草皮、地被植物等相互结合，以增大绿地率，增强景观效果，美化居住环境。特别应在植物配置上运用不同树形、色彩的树种搭配种植，并用一定量的花卉植物来体现季相的变化。

如春夏两季可种植的有柳树、糖槭树；灌木有丁香、榆叶梅、碧桃、黄刺玫、珍珠梅、连翘、月季、玫瑰、绣线菊、茶藨子、胡枝子等；宿根花卉如牡丹、芍药、兰草、玉簪、大丽花、百合、荷包牡丹、唐菖蒲、美人蕉等。在进行居住区绿地规划设计时，应充分考虑植物开花的先后顺序、花期长短，使之衔接、配置得当，花朵竞相开放，延长花期，即可形成一个百花争艳、万紫千红的绿化彩化环境。秋季植物的景观变化，主要体现在植物的叶色同周围环境衬托，如加拿大杨、白蜡树、复叶槭、元宝槭、卫矛等。冬季用红皮云杉、红瑞木相配置，种植五针松、白皮松、黑松、柞树、白杆云杉、樟子松等有色彩的树种，与冬季雪景相衬托。如茶条槭树红色的叶子与白雪相映，红白分明，以体现冬季的美景。

除色彩外，还可利用树姿来创造美。如杜松的圆锥状树形、油松的高雅气质、锦鸡儿的绿色树皮、暴马丁香落叶后的树姿，都具美的特性。另外，三叶地锦等藤本植物的应用不仅增加居住区植物群落的多样性，而且藤本植物对墙面、屋顶、阳台、廊架等具有很好的遮阴、美化效果，提高了居住区环境的绿视率和美景度。

（三）选择易管理的树种

由于大部分居住区的绿地管理相对落后，同时考虑资金的因素，宜选择生长健壮、管理粗放、病虫害少、有地方特色的优良植物种类。还可栽植些有经济价值的植物，特别是在庭院内、专用绿地内可多栽既经济又有较好观赏价值的植物，如核桃、樱桃、葡萄、玫瑰、连翘等。花卉的布置可以使居住区增色添景，可考虑大量种植宿根花卉及自播繁衍能力强的花卉，以省工节资，获得良好的观赏效果，如美人蕉、蜀葵、玉簪、芍药等。

（四）提倡发展垂直绿化

在绿化建筑物墙面、各种围栏、矮墙上宜选用多种攀缘植物，利用爬藤植物的攀缘性增加绿色空间。这样，既扩大了绿色范围，又由于植物季相的丰富变化补充了建筑的立面效果，使得这些给人以生硬感的景观转化为具有生命力、柔和、亲切感的软质景观，提高了居住区立体绿化效果及绿视率。而且可用攀缘植物遮丑，这是一种早已被人们所接受和广泛采用的扩大绿色空间的办法，使人们生活在一个绿色的环境里。主要的攀缘植物有地锦、金银花、蔓生月季、南蛇藤、紫藤、厚萼凌霄、葡萄等。

（五）注意植物生长的生态环境，适地择树

由于居住区建筑往往占据光照条件好的方位，绿地常常受挡而处于阴影之中。在阴面应考虑耐阴植物，如珍珠梅、金银木、桧柏等。对于一些引种树种要慎重，以免"水土不服"，生长不良。同时可以从生态功能出发，建立有益身心健康、招引鸟类的保健型植物群落。

总之，居住区绿地的质量直接关系到居住区内的温度、湿度、空气含氧量等指标。因此，要利用树木花草形成良好的生态结构，努力提高绿地率，达到新居住区绿地率不低于30％，旧居住区改造不低于25％的指标，创造良好的生态环境。然而，居住区绿化不能只是简单地种些树木，应该从改善居住区的环境质量、增加景观效果、提高生态效益及卫生保健等方面统筹考虑，满足居民生理和心理上的需求。

植物选择要考虑多样性，丰富的树种类别不但能与居住区内多种设施结合形成多样景观，而且能增加居住区人工植物群落的稳定性及植物景观丰富度和美景度。植物配置方面也应注意多样性，特别是在植物组合上，乔木、灌木、地被、草坪、藤本的合理组合，常绿树与落叶树的比例、搭配方式等，都要充分注重生物的多样性。只有保证物种的多样性，才能保持生态的良性循环。为了充分发挥生态效益、尽早实现环境美，应进行适当密植，并依照季节变化考虑树种搭配，做到常绿与落叶相结合、乔木与灌木相结合、木本与草本相结合、观花与观叶相结合，形成"三季有花、四季常青"的植物景观。

（六）发挥良好的生态效益

居住区绿地的功能是多方面的，而环境优美、整洁、舒适方便和追求生态效益，满足居民游憩、健身、观景和交际的需要仍然是最本质的功能。居住区是人居环境最为直接的空间，居住区绿地设计应体现以人为本的原则，以创造舒适、卫生、宁静的生态环境为目的。

在植物品种的选择及布局上，要充分考虑居住区绿地植物的医疗保健作用，适当用松柏类植物、香料植物、香花类植物。这些植物的叶片或花可分泌一些芳香物质，不仅能杀死空气中的细菌，而且对人有提神醒脑、沁心健身的作用。另外，要充分利用植物造景，创造好的生态效益及景观效果。

居住区绿地是构成整个城市点、线、面结合的绿地系统中分布最广的"面"，而面又需要有合理的绿地布局，不能只靠某一种绿地来实现，需要公共绿地、道路绿地、宅旁绿地、专用绿地相结合。合理配置树种，使居住区绿地具有保健、科普及防尘、减噪、减震等功能。在人们的密集活动区和安静休息区都应有必要的隔离绿带，结合景区划分进行功能分区。

二、居住区绿地的典型植被配置模式

在居住区绿地规划设计中，要合理确定各类植物的比例，除了应达到表面的指数指标，如绿地率、物种多样性等标准之外，还应满足以下条件。

（一）植物群落功能多样性

居住区绿地中的植物群落首先应具有观赏性，能创造景观，美化环境，为人们提供休憩、游览和文化生活的环境；其次具有改善环境的生态性，通过植物的光合、蒸腾、吸收和吸附作用，调节小气候，吸收、固定环境中的有害物质、削减噪声、防风防尘、维护生态平衡、改善生活环境；最后是具有生态结构的合理性，它具有合理的空间结构和营养结构，与周围环境组成和谐的统一体。

（二）群落类型的多样性和布局的合理性

在居住区绿地的规划设计中，应考虑各项绿地的类型和方位，合理布置不同类型的绿地，充分利用现状条件，综合运用环境艺术处理手法，尽量创造多样的植物群落类型，如生态保健型植物群落、生态复层型植物群落等。

（三）景观体现文化艺术内涵

居住区环境具有文化艺术的属性。因此，居住区绿地规划设计不能忽略其与文化艺术的联系，缺乏文化含义和美感的居住区绿地是很难被接受的。居住区绿地规划设计应结合当地的大环境，运用植物造景本身的特色，力争赋予居住区各类绿地的植物景观以文化艺术内涵。

根据对城市居住区常用绿化植物的综合评价、分级及对现状树种普查的综合结果，从以下三个方面对相关配置模式进行筛选、构建：第一，筛选出适合城市居住区绿地最常用的 10～20 种园林植物；第二，归纳总结出各类绿地的基本配置模式；第三，综合考虑植物配置模式的群落结构、观赏特性、观赏时序和生态绿量等因素。

结合城市生态园林植物配置的经验，构建适合城市居住区、能够长期稳定共存的复层混交立体植物群落，有利于人与自然的和谐共处，充分发挥居住区绿地的生态效益、经济效益和社会效益。

三、工业污染居住区的绿地植物配置模式

处于城市工业污染地区范围内的居住区，景观植物配置要以通风较好的复层结构为主，组成抗性较强的植物群落，有效地改善工业污染区域内的生态环境，提高生态效益。适用于工业污染居住区的耐污型人工植物群落有：第一，隔离带绿化植物配置模式，如桧柏／侧柏—泡桐／毛白杨／构树—紫叶李／小叶女贞／黄杨／紫丁香—马尼拉草／麦冬，也可以种植一些防火隔离的树种，如银杏、冬青等；第二，减噪效果好的植物配置模式，如毛白杨／法国冬青／海桐／广玉兰／紫叶小檗／凤尾兰—红花酢浆／鸢尾／葱兰，可选择叶面大、枝叶茂密、减噪能力强的树种，一般采用乔灌木组成的复层混交林和枝叶密集的绿篱、绿墙减噪；第三，滞尘能力强的植物配置模式，如泡桐／臭椿／毛白杨／臭椿／国槐—榆叶梅／紫叶小檗／大叶黄杨—忍冬／鸢尾；第四，综合抗污染能力强的植物配置模式，如侧柏／云杉—泡桐／银杏／臭椿—紫穗槐／金银木—铺地柏／地被，或者国槐／刺槐／栾树—丁香／珍珠梅—玉簪／石竹。

上述几种种植模式设计以抗性强的树种为主，结合抗污性强的新优植物，既丰富了植物种类、美化了环境，又适合粗放管理，满足工业居住区绿地养护管理的需要。

第四章　城市道路广场景观生态可持续设计

第一节　城市道路生态绿地设计

一、城市道路交通与城市道路绿地设计

城市道路是一个城市的框架基础，城市道路的绿化水平不仅反映了城市的整体面貌，也体现出城市绿化的整体水平。城市道路绿化是城市文明的重要标志，城市道路绿地是城市园林景观不可缺少的一部分，更是城市建设的重要组成部分。道路绿地系统不仅要服务于城市，更重要的是给城市居民带来健康、美丽的生活环境。它在改善城市气候、创造良好的卫生环境、丰富城市景观面貌、构建和谐生态的城市交通系统等方面具有积极的作用。

园林事业的发展推动了城市道路绿化的进程，园林部门围绕"创建国家园林城市"这一重要发展目标，开展一系列城市园林景观建设活动，很多城市建成了林荫大道，满足了城市道路的绿化要求。

（一）城市道路系统的基本类型

城市园林景观中，道路绿地系统是城市景观组成的一个基本条件，同时也是城市园林景观布局的基本要素。所以，城市道路系统的各项规划和建设都要符合城市发展的需要，才能建立完整、合理的城市道路绿地系统。但是，城市道路交通系统必须在一定社会条件、城市基础设施建设及自然条件下才能实现，它只是为了满足城市交通和其他要求才形成的，不会以某种统一的形式存在。

现在已有的城市交通系统可以归纳总结为以下五种基本类型。

1. 放射环形道路

这种道路系统是经过长期发展形成的城市道路类型，它利用放射线和环形道路系统，通过不同的交通线，以中心不等的轴距形成的道路，并且连通其他各放射线干道组成道路系统，在各道路之间形成合理的交通连线，从而

保证各道路之间的顺畅。但是这种交通系统会导致所有的交通压力集中到中心地区,特别是大城市,车流易集中到城市中心。虽然利用放射环形道路可以在一定程度上缓解交通压力,但是这种交通布局的复杂性容易导致拥挤现象的发生。

2. 方格形道路

方格形道路布局就像棋盘那样把城市分割成若干方正地形,这样的布局形式有利于城市建设,形式上比较明确,一般适用于地形比较辽阔平坦的地区。通常城市的方格形道路都是网状道路系统,像西安市这种古老的旧城区就是以这种道路形式为主的。

3. 方格对角线式道路

城市方格道路系统如果在规划上处理不好流线问题,就容易形成单向车道,从而造成拥堵的状况。为了解决城市道路的单向直通性能,一般会在方格道路的基础上进行改进,变成方格对角线式道路。但是方格对角线式道路在城市交通网中所形成的锐角对于空间利用是很不合适的,在增加投入成本的同时也会增加交叉路口的复杂性。

4. 自由式道路

自由式道路系统的不确定因素有很多。在地形条件比较复杂的城市中,为了给居民提供合理完善的交通运输条件,自由式道路系统会结合当地地形条件进行路线的自由布局,这样反而增添了更多变化和不确定性。但是这些布局都必须经过合理规划,且要有一定的科学性。在我国地形状况比较复杂的地区,道路线型不能平直地设计,只能因地制宜,利用当地的具体地形状况规划布局。

5. 混合式道路

混合式道路系统就是以上几种道路形式混合而成的复杂道路系统,前提是必须结合当地城市地形的特点合理规划设计,利用好城市的地形及历史文化特色,发挥自身优势。一些大城市保持了原来以方格式为城市道路布局的基本形式,经过后续开发和建设,将放射环形道路同城市中心采用的方格式道路完美结合,形成一种混合式道路布局,这样就可以成功发挥放射环形和方格式道路的共同优势。因此，要经过合理的安排和规划，利用这种特殊的组合形式解决城市道路布局中的不足。

（二）城市道路绿地的类型和形式

1. 城市道路绿地类型

城市道路绿地是城市道路环境的重要组成部分，也是城市园林景观的构成要素。道路绿地的带状和块状分布就是利用"线"把城市的绿地系统整体地联系起来，以达到美化街道、改善城市园林景观整体形象的目的。因此，城市道路绿地会直接影响人们对城市的总体印象。城市和园林景观事业的发展进一步推动了城市道路绿化的发展，使道路绿化的形式和类型也不断地丰富起来。

许多人认为，现代城市的道路和建筑往往会形成古板和单调的感觉，而利用植物的多变性会带来不一样的感受，通过植物不同形状、色彩及姿态的搭配可以丰富城市景观特色，这些植物大部分具有观赏性。成功的道路绿化一般会成为一个城市的特色，如西安市道路两边的法国梧桐和石榴树，南方城市的棕榈植物等。道路绿地作为一个城市区域的地方特色，除了能增强道路系统辨识度以外，还能把一些道路状况比较雷同的现象，通过道路绿化进行区分和识别。随着城市工业的不断发展、人口的增加，现代交通发展给城市环境带来了巨大的压力、污染并破坏着城市环境的生态平衡。以上问题都可以通过道路绿化来缓解，同时提高道路的安全性。

根据不同植物类型和种植目的，可以把道路绿地分为景观种植和功能种植两大类。

（1）道路景观种植

从道路美学的原理出发，道路植物的种植在不同地域会有诸多不同之处。密林式一般由乔木、灌木、常绿树种和地被植物组合而成，利用这些植物达到封闭道路的艺术效果，这样会带给人们在森林和城市之间行走的感觉。夏季绿树成荫让人们纳凉，并且明显的方向性可以吸引人们的视线。这样的布置形式一般会在城乡接合部和环城道路中出现，这些地方沿路种植的树木体量较大，绿化带也比城市的宽很多，一般在 50 m 以上。通常情况下，城乡接合部水土比较肥沃，有利于植物的生长。但是由于植物会遮挡视线，影响人对自然美景的观赏，所以要合理开发利用土地和植物种植，让自然生长的植物和人工的植物种植之间产生和谐的美感。

一般在城市休憩和城市公园绿地中会出现自然式的绿地种植模式。自然式绿地的种植一般要求对自然景观进行还原和自由组合，根据实际地形条件和环境具体规划。道路的两旁也会利用这种种植模式进行植物的搭配，通过不同植物的高低、疏密、色彩变化进行组合，从而形成生动的园林景观。这种组合方式一般易于和周围的环境相融合，能够增强街道路面的空间变化。自然式种植也要考虑一些客观问题，同样需要合理、科学地统筹规划。如在路口和路口转弯处要减少并控制灌木的数量和体积，以免妨碍驾驶者的视线；宽度和距离的安排也要合理，同时要注意与地下管线的配合，选用的苗木也要符合标准。例如，在西安市东二环隔车带中栽植的丛生石榴，经过多年的生长高度已经达到 3～4 m，而且密度非常大，严重影响了在路口转弯的驾驶员的视线，容易造成交通事故。

花园式种植在城市道路绿地中一般沿道路外侧布置，形成不同大小的绿化空间，包括广场、绿荫。在此基础上设置园林基础设施，通常情况下是为行人和居住区附近的人们提供休闲的场所。道路绿化可以以分段的形式和周围的景观相结合，在城市建筑密集和绿化区域较少的地方可以采用这种方式，以此来弥补城市绿地面积紧张的状况。

距水源较近的城市道路还可以利用滨河式的绿化方式，为人们提供环境优美、景色宜人的场所。如果水面并不宽敞、对岸又没有景色映衬，滨河绿化布局就以简洁为主；如果水面十分宽阔，对岸的景色也比较丰富，就可以增加滨河绿地的面积和层次，布置相关园林景观，做出一个小的环境进行对比，建设小型近水平台等，从而满足人们的审美需求。

城市郊区道路两侧的园林植物景观大部分种植了草坪，空间的开敞性比较明显，往往这些道路绿化与农田相连，在城市郊区一般和苗圃及生态园林相结合，这种回归自然的形式带有明显的自然气息，与山、水、白云、湖泊等风光相融合。特别是在城市与城市之间的高速公路上，驾驶者视线良好，从而把道路绿化与自然风光完美地结合起来。

道路绿化是比较普遍的绿化形式，都是沿道路两侧各种一排乔木或灌木，大致形成"一路一树"的形式，这在城市道路绿化中是最为常见的一种形式，也是很多城市采用的道路绿化模式。通过以上的总结和分析了解到，城市道路绿化的布局形式取决于城市原有的道路情况，任何形式的道路绿化都要按照特定区域的实际情况，因地制宜地进行道路绿化布局。通过合理的科学布局使道路和城市园林景观完美地结合起来，只有这样才能发挥出不同环境下道路绿化对城市整体环境的美化作用。

（2）道路功能种植

城市道路绿化的功能性种植是通过对植物的采配达到一定的效果。通常情况下，这种种植具有一定的目的性。但是道路绿化的功能性不是唯一的要求，无论采用什么形式的种植方式都要进行多方面考虑，最终才能达到满意的景观效果。一般情况下，遮掩式种植是对一定方向的视线加以阻拦和遮挡。例如，一个城市的景观不完美，需要遮挡；城市建设中的建筑物和拆迁物对其他城市的景观造型构成影响，需要遮挡等。这个时候就需要通过植物起到一定的遮挡和掩盖的作用。2016 年河北唐山世界园艺博览会迎来了大量的国内外游客，机场高速成了许多游客的必经之路，机场专用绿化林带工程就是为了世园园艺博览会的到来而建设的应急工程，该工程的建设初衷就是利用栽植杨树林带遮挡机场高速两侧的民房和广告牌，不仅起到了景观效果，也达到了功能性种植的目的。

我国城市在地域环境的影响下，每当夏季城市地表温度急剧上升，路面的温度也随着天气的变化而升高，利用遮阴式种植就可以缓解高温。遮阴式种植对改善道路环境，特别是对夏季路面的降温有明显效果，不少城市道路两旁栽种树木多是考虑到遮阴的缘故。

城市道路的绿化功能起到一定的美化作用，同样，在装饰种植上也可以发挥作用。在城市建筑用地和周围的道路绿化带上，分隔带作为局部的间隔和装饰，都会有不一样的效果，它的功能多用于界限的标志，防止行人穿过、遮挡视线、降低污染等。

道路绿化最为重要也最为常见的方式就是地表植物的种植，它的作用是覆盖裸露的地面。草坪就是最常见的绿化，可以防尘、固沙及防止雨水对地面的冲刷。在北方许多地区还有防冻的功效，可以改善小气候。地面的植被也可以协调道路园林景观的整体色调，提升城市园林景观的整体效果。

2. 城市道路绿化形式

城市道路的绿化设计必须根据道路的类型、功能、性质与地形、建筑的整体环境进行布局规划。在建设初期就要对实际地形做周密的调查，了解道路的等级、性质和后期维护水平，在此基础上做好综合评估研究，使整体与局部相结合，做出最为经济、实际、环保的设计规划方案。

城市道路绿化断面的布局形式是城市园林景观规划设计中最常见的设计模式，一般可以分为一板二带式、二板三带式、三板四带式、四板五带式，以及其他模式。由于各城市环境条件不同，必须尊重当地地理条件，因地制宜地设置绿化带。一切道路绿化的形式必须从实际出发，不能片面地追求景观效果而不考虑实际情况，应通过道路绿化解决真正的问题，缓解城市道路的交通压力。

（三）城市道路交通绿地的作用

城市园林景观中，道路绿地的设计内容主要由街道绿地、游憩林荫路、步行街、穿过城市的公路和高速路主干道的绿化带组成，它们都以"线"的形式分布在城市中。可以利用这种特殊的形式联系整个城市"点""面"的绿地，从而组成一个完整的城市园林绿地系统。城市道路也是根据特定的城市地形呈现出来的，它通过利用和改善地形完成相关空间内的绿化。随着城市道路交通系统的飞速发展，城市交通系统的环境承受能力也面临新的挑战，现代城市道路交通不仅要完成本来的使命，还要符合社会进步的需要，满足人类对居住空间质量的要求。因此，城市道路绿地要不断进步和完善，以符合现代城市景观的整体思路。如今，在城市道路绿化的过程中，人们往往只是考虑艺术性的发挥，为此不断扩大绿化面积，但是城市道路却变得很狭窄，严重阻碍了城市道路交通的畅通。道路绿化主要目的中的美观只是其中一方面，其根本目的是美化整体城市环境和提升城市形象，因此不能只追求形式上的美观，而忽略了道路最为重要的交通功能。具体的解决办法就是合理安排城市道路绿化布局，在城市主干道旁加大植被绿化的面积，同时增加道路的用地面积，发挥道路的交通功能，在此基础上利用不同种类的植物配合整体的道路绿化。只有这样才能更有效地发挥城市道路绿化的作用，在整体绿化的基础上让城市交通和城市道路更好地运作。

1. 创造城市园林景观

随着现代化城市的发展和进步，城市的环境问题日益突出，生态环境也遭到不同程度的破坏，城市建设的可持续发展也面临新的挑战。现代城市不仅需要基础设施的不断完善，包括高楼大厦、交通系统及配套的灯光效果，也需要提升人们居住环境的质量。城市道路交通绿化就是环境质量的一部分，它可以美化城市街景，烘托城市建筑景观的艺术效果，起到软化城市建筑硬质线条和美化城市整体景观形象的作用。

根据植物景观本身的性质，改变和营造城市的艺术造景，丰富城市景观动态层次，利用各种植物的形态、种类、颜色特性，再结合原有道路的情况，进行点、线、面的组合，从而对道路景观进行美化和绿化。同样，在一些城市的特殊道路地段，如立交桥和高层建筑，进行多方面立体的绿化，用园林造景的丰富性和多样性营造园林化的立体景观效果，使整个城市的绿化具有丰富的层次变化，绿化对象的数量和群体也有了一定的保障和变化，从而提升了城市整体的园林绿化水平，进而解决了城市发展带来的一系列环境和城市绿化问题。例如，法国巴黎，其城市优美庄严的道路绿化给人们留下深刻的印象，巴黎城区的道路绿化都形成了自己的特色，给我国道路绿化提供了很好的经验。

2. 改善道路状况

借助城市道路绿化带可以分割道路，利用中间的道路绿化带把上下行车道进行划分，同时对机动车道、非机动车道及人行横道都进行了有效的分离，这样在道路本身的意义上就保证了道路交通的安全性能，避免了不必要的交通事故。交通岛、立交桥、城市广场等地段也需要进行绿化。不同条件的地段利用不同的绿化方式，可以起到有效地保障道路安全、保障车辆行车安全、保障行人通行安全，以及充分改善城市道路的交通状况的作用。道路绿地景观环境质量直接影响城市的环境质量、城市景观面貌及现代交通环境的发展。道路不单满足人们从一个空间位置到另一个空间位置出行的需求，更是城市建筑和城市园林风景和谐一体的城市环境。对于生活在城市中的人来说，这个城市的总体形象主要来源于对城市道路的感觉，这种感觉不仅是几何体的混凝土建筑物和笔直的沥青路面，也包括了城市道路两旁绿色植物的规划。所以，城市道路绿化总体质量的提升，可以改变城市的道路状况和城市景观的风貌。

科学研究表明，城市道路中的植物可以有效地缓解车辆驾驶员的视觉疲劳。因为绿色会减缓大脑皮层的压力，从而降低细胞的工作压力，给人以安静柔和的情感，因此可以大大减少城市道路交通事故的发生，道路的基本功能也得到了发挥。也就是说，城市道路绿化带不仅能能净化空气和美化道路交通环境，提升城市整体绿色形象，也可以改变道路交通的拥堵状况，消除交通安全隐患。

3. 城市环境防护

随着现代社会经济的发展、生活水平的提高，人们对物质生活标准也有了更高的要求。如今，交通工具变得丰富多样，私家车数量也随着生活水平的提高而迅速增加，城市交通的道路承载力受到了严重挑战。城市车辆的增加给城市道路整体发展带来困难，同时更为重要的是，保证城市环境的可持续发展将给城市交通带来新的挑战。

道路是城市不可或缺的构成元素。随着城市的发展，城市的交通日趋拥堵，特别是市中心的主干道，车流量大、尾气、噪声等问题日益恶化，已经严重影响了人们的居住环境，绿化的重要性就显得越来越突出，它可以有效地减弱城市各种污染的扩散。一个城市是由多方面要素构成的整体，从一方面说，它就像由许多构件组合而成的一台机器，景观的每一个小部分有机地组成一个完整的大城市。在城市景观设计中，给城市每一个区域规划绿地，城市绿地面积就会增加，从而形成了一个完整的绿色城市景观。另一方面，从多方面对居住的城市进行保护和美化，城市也反过来优化了人们的生活环境。

第一，道路绿化在交通防护方面有着非常积极的作用。城市道路主要的服务对象就是机动车，而社会的快速发展使城市机动车的数量远远超出了城市承载的能力，所以机动车就成了城市的主要污染来源。工业化脚步的加快、机动车辆的增加，使城市污染现象日趋严重。这样一来，城市道路绿化就显得更为重要。植物本身对机动车排放的尾气具有吸收和净化作用，能吸附机动车带来的尘土，使空气质量有所改善。据相关道路绿化情况的研究数据统计，距离路面 1.5 m 的地方空气的含尘量要比没有道路绿化或绿化情况一般的道路低 56.8 %。

第二，城市环境问题的多样性，给现在生活在城市的人们带来了许多困扰，其中一个主要的环境问题就是噪声污染，70 % ～ 80 % 的城市环境噪声来自城市交通。通常繁华的都市区域噪声高达 100 dB，而一般 70 dB 的噪声就已经严重影响人类的生活并对人体有害。植被绿化带可以明显减弱噪声，可以减弱 5 ～ 8 dB 的汽车噪声。

第三，城市道路绿化带可以改善道路周边的小气候，温度和湿度都可以得到很好的调节，特别是在夏季树荫下的路面，温度要比在阳光直射下的路面低 11 ℃，这样可以降低夏季路面温度过高而引起的机动车爆胎的概率，同时可以减少路面其他安全隐患，延长路面的使用寿命，为城市道路行驶安全提供一定的保障。城市道路交通绿地对整个城市环境及城市基础设施建设起到一定的保护作用。例如，西安市友谊路的行道树法国梧桐，经过 20 多年的生长，现已长成参天大树，枝叶几乎能覆盖整个路面。夏季行驶在这样的道路上，能亲身体会到树荫带给人的舒适感。

4. 城市生活休闲空间

城市道路绿地除了给交通道路和绿化带提供美化环境的效果外，还能对大小不等的街道绿地、城市广场绿地及公共设施绿地的环境进行优化。这些绿地一般建在有一定面积的公园和广场内部，能给人们提供休闲和娱乐的场地，市民可以利用这类空间进行娱乐活动或锻炼身体、散步、休憩等。这类城市绿地通常安排在距离市民居住区较近的地方，这样使用率较高。在公园分布较少的区域往往利用城市道路绿地作为补充，发展街道绿地、林荫路、滨河路这些基础设施绿地建设，以弥补城市公园分布的不均衡。例如，西安市大庆路周边没有公园、广场，因此大庆路中间宽 50 m 的绿化林带就给生活在周边的人们提供了一个休闲的好去处。

二、城市道路生态绿地规划设计的原则与功能

（一）城市道路生态绿地规划设计的基本原则

1. 道路绿化应符合行车视线和行车净空要求

（1）行车视线的要求

第一，安全视距。驾驶员在一定距离内及时看到前面的道路及在道路上出现的障碍物，以及迎面驶来的其他车辆，以便能当机立断地及时采取减速制动措施或绕越障碍物前进，这一必要的最短通视距离，称为安全视距。

第二，交叉口的视距。为保证行车安全，车辆在进入交叉口前一段距离内，必须能看清相交道路上车辆的行驶情况，以便能顺利地驶过交叉口或及时减速停车，避免相撞，这一段距离必须大于或等于停车视距。

第三，停车视距。指车辆在同一车道上，突然遇到前方障碍物必须及时刹车时所需的安全停车距离。

第四，视距三角形。由两条相交道路的停车视距作为直角边长，在交叉口处所组成的三角形，称为视距三角形。视距三角形应以最靠右的第一条直行车道与相交道路最靠中的一条车道所构成的三角形来确定。为了保证道路行车安全，在道路交叉口视距三角形范围内和规定范围内不得种植高于最外侧机动车车道中线处路面标高 1 m 的树木，使树木不影响驾驶员的视线通透。

（2）行车净空要求

道路设计规定，在各种道路的一定宽度和高度范围内为车辆运行的空间，树木不得进入该空间。具体范围应以道路交通设计部门提供的数据为准。

2. 保证树木所需要的立地条件与生长空间

树木生长需要一定的地上和地下生存空间，如得不到满足，树木就不能正常生长、发育，甚至死亡，不能起到道路绿化应有的作用。因此，市政公用设施与绿化树木的相互位置应统筹安排，保证树木所需要的立地条件与生长空间。但道路用地范围有限，除了安排交通用地外，还需要安排必要的市政设施，如交通管理设施、道路照明、地下管道、地上杆线等。所以，绿化树木与市政公用设施的相互位置必须统一设计、合理安排，使其各得其所，减少矛盾。

3. 道路绿化应最大限度地发挥其主要功能

道路绿化应以绿为主，绿美结合、绿中造景。植物以乔木为主，乔木、灌木、地被植物相结合，没有裸露土壤。道路绿化的主要功能是遮阴、滞尘、减噪，改善道路两侧的环境质量和美化城市等。以乔木为主，乔木、灌木、地被植物相结合的道路绿化，地面覆盖好，防护效果也最佳，而且景观层次丰富能更好地发挥道路绿化的功能。

4. 树种选择要适地适树

树种选择和植物配置要适地适树并符合植物间伴生的生态习性，要符合本地的自然状态，根据本地区的气候、栽植地的小气候和地下的环境条件，选择适于在该地生长的树种，以利于树木的正常生长发育，抵抗自然灾害，最大限度地发挥其对环境的改善作用。

道路绿化为了使有限的绿地发挥最大的生态效益及多层次植物景观，采用人工植物群落的配置形式，要使植物生长分布的相互位置与各自的生态习性相适应。地上部分，植物树冠、茎叶分布的空间与光照、空气温度、湿度要求相一致，各得其所；地下部分，植物根系分布对土壤中营养物质的吸收互不影响，符合植物间伴生的生态习性。

5. 保护好道路绿地内的古树名木

在对道路平面、纵断面与横断面进行设计时，对古树名木应予以保护，对现有的有保留价值的树木应注意保存。

6. 根据城市道路性质、自然条件等因素进行设计

由于城市的布局及地形、气候、地质和交通方式等诸多因素的影响，形成了不同的路网。设计时要根据道路的性质、功能、宽度、方向、自然条件、城市环境，乃至两侧建筑物的性质和特点进行综合考虑，合理地进行绿化设计。

7. 应远近期结合

道路绿化很难在栽植时就充分体现其设计意图，往往需要几年、十几年的时间才能达到完善的境界。所以设计要具备发展的观点和长远的眼光，对各种植物材料的形态、大小、色彩的现状和可能发生的变化要有充分的了解，待各种植物长到鼎盛时期时达到最佳效果。同时，对道路绿化的近期效果也应重视，尤其是行道树苗木规格不可过小，快长树胸径不宜小于 5 cm，慢长树胸径不宜小于 8 cm，使其能尽快行使防护功能。

8. 应有较强的抵抗性和防护能力

城市道路绿地的立地条件极为复杂，既有地上架空线和地下管线的限制，又因人流车流来往频繁，人踩、车压及沿街摊群侵占的人为破坏和环境污染严重，再加上行人和摊棚在绿地旁和林荫下聚集，给浇水、打药、修剪等日常养护管理工作带来困难。因此，设计人员要充分考虑道路绿化的制约因素，在对树种选择、地形处理、防护设施等方面进行认真考虑，力求绿地自身有较强的抵抗性和防护能力。

9. 应符合排水要求

道路绿地的坡向、坡度应符合排水要求，并与城市排水系统结合，防止绿地内积水或水土流失。

10. 创造完美的景观

道路绿化要符合美学的要求，处理好区域景观与整体景观的关系。道路绿化的布局、配置、节奏、色彩变化等都要与道路的空间尺度相协调。

（二）城市道路生态绿地的功能

1. 环境保护功能

随着城市机动车数量的不断增加，噪声、废气、粉尘、震动等对环境的污染也日趋严重。加强对道路绿化的合理配置，保证必要的建筑间距是改善城市环境的有效措施之一。

（1）净化空气

道路上粉尘污染源主要是降尘、飘尘、汽车尾气的烟尘等，绿地中的灌木通过降低风速的功能，把道路上的粉尘、烟尘等截留在绿带之中和绿带附近，即使在树木落叶期，其枝干、树皮也能滞留粉尘。草坪的减尘作用也很显著，地被植物的茎叶也能吸附粉尘，防止二次扬尘。同时，利用植物吸收一氧化碳等有毒气体、排放氧气的作用，可以不断地净化大气。

（2）降低噪声

随着现代工业、交通运输的发展，城市中的工业噪声、交通噪声、生活噪声等对环境的污染日益严重。加大道路绿带的宽度和合理配置形成绿墙，可以大大降低噪声。

（3）调节改善道路小气候

道路绿化对调节道路附近地区的温度、湿度、降低风速都有良好的作用。当道路绿地与该地夏季主导风向一致时，绿地可将市郊的清新空气随风势引入城市中心地区，为城市的通风创造良好的条件。

（4）保护路面和行人

不同质地的地面在同样的日光照射下的温度不同，增热和降热的速度也不同。如当树荫地表温度为32℃时，混凝土路面温度为46℃，沥青路面温度为49℃；中午在树荫下的混凝土路面温度比阳光直射时低11℃左右。所以，炎热的夏季在未绿化的沥青路面上，不仅行人感到炎热，路面也会因受日光强烈照射而受损，影响交通。道路绿化遮阴降温，可阻挡夏天的强烈日晒，降低太阳辐射，不仅为行人遮阴挡阳，还可保护路面，延长道路的使用年限，有利于交通。

2. 安全功能

①在车行道之间、人行道与车行道之间、广场及停车场等处设置绿化带，可起到引导、控制人流和车流、组织交通、保证行车速度、提高行车安全等作用。在交通岛、中心岛、导向岛、立体交叉绿岛等处常用树木作诱导视线

的标志。②道路绿化可以防止火灾蔓延。树体含有大量水分，能使燃烧减缓，另外植物也可以使风速降低，防止火灾蔓延。③在北方地区，冬天大风将大雪吹到道路上会造成交通障碍。因此，常在道路两侧结合行道树种植防雪林。④道路绿化有助于增强道路的连续性和方向性，并从纵向分隔空间，使行进者产生距离感。⑤高大的树木可将一元化的空间一分为二，对空间起到分隔作用，同时通过绿化可以使视线集中。⑥战时可起到伪装掩护的作用。行道树的枝叶覆盖路面，不但有利于防空、掩护，还可以用来掩护军事设备。

3. 景观功能

城市的面貌是人们通过沿道路的活动所获得的感受，一个城市的园林绿化给人的第一印象就是行道树。所以，道路绿化的优劣对市容、城市面貌影响很大，现代城市高层建筑鳞次栉比，显得街道狭窄，而绿化的屏障作用可减弱建筑给人的压抑感。从色彩上讲，蓝天、绿树均为镇静色，可使人心情平静。

植物是创造城市优美空间的要素之一，利用植物所特有的线条、形态、色彩和季相变化等美学因素，以不同的树种、观赏期及配置方式形成浓郁的特色，配合路灯、候车亭、果皮箱、座椅、花坛、雕塑等，形成丰富多彩的街道景观，美化街景、美化城市。

道路绿地可以点缀城市，烘托临街建筑艺术。利用树木自然柔和的曲线与建筑物的直线形成对比，突出建筑物的阳刚之美。同时，还可以隐丑蔽乱，将影响街景和市容的建筑物、构筑物进行隔离。沿街的建筑物新旧不一、形体尺度、建筑风格等往往不够协调，而整齐有序的、枝叶繁茂的行道树能提供视觉统一，有的还能形成一种独特的街景风格。

4. 增收副产品功能

在满足道路绿化的各种功能要求的前提下，根据各地的特点种植果树、木本油料植物、用材树等，增收副产品，可取得一定的经济效益。

5. 其他功能

路侧绿带、林荫路、街旁游园等还可弥补公园的不足，满足沿街高层住宅居民渴求绿地的需求。

除以上五种功能之外，绿化带还可作为地下管线、地上杆线埋设的用地和道路拓宽发展的备用地带。在绿地下铺设地下管线，维修时能避免开挖路面影响车辆通行。

三、城市道路生态绿地的总体规划设计

（一）道路系统规划要求

城市道路系统指城市范围内由不同功能（如交通性道路、生活性道路等）、等级（如快速路、主干路、次干路和支路等）、区位（如货运道路、过境货运专用车道、商业步行街等）的道路，以及不同形式的交叉口和停车场设施，以一定方式组成的有机整体。

在编制城市总体规划时，应根据城市功能划分和城市交通规划的要求，规划设计城市交通干道网。在此基础上制定主要道路断面和交叉口的方案等。道路网是城市布局的骨架，规划设计的优劣直接影响城市建设、生产、生活各个方面。城市道路系统设计要注意以下几个方面。

1. 满足和适应交通运输发展的要求

首先，要考虑城市用地功能分区和交通运输的要求，使城市道路形成主次分明、分工明确、联系便捷，能高效地组织生产，方便生活的交通运输网。其次，道路功能性质上应有所侧重，适应交通规划所提出的交通性质、流量、流向特点，做到人车分流、不同性质的车辆交通分流，提高整个道路系统的通行能力。例如，将过境货运车辆安排在城市边缘地区或外环干道通过，避免穿越城市中心地区。在市中心商业文化服务设施集中地区，规划设计安排商业街、步行街，禁止货运车辆穿行等。

2. 节约用地，合理确定道路宽度和道路网密度，充分利用现状

城市道路网内的道路指主干路、次干路和支路。干道的数量及其分布要满足交通发展的需要，同时也应注意结合城市现状、规模、地形条件、经济能力等，尽可能有利于建筑布置、环境保护，并考虑备战、抗震的规定。通常用道路网密度作为衡量经济的指标，城市道路网密度是指道路总长与所在

地区面积之比。依道路网内的道路中心线计算其长度，依道路网所服务的用地范围计算其面积。道路网密度大，有利于交通便利、节省居民的出行时间和通行能力，但密度过大，会加大道路建设投资及旧城改造拆迁的工作量。目前，中国的一些中小城市道路网过密且路幅狭窄，这不利于提高建筑层数和间距，不利于道路绿化，浪费了城市建设用地，又无助于提高道路通行能力。在旧城改造时应注意放宽路幅，降低道路网密度。

3. 充分考虑地形地质等因素

充分结合地形规划道路的平面形式，充分考虑地质条件和有利于地面水的排除。还应注意尽可能少占农田、菜地，减少房屋拆迁的工作量等。

4. 考虑城市日照要求

主要道路走向应有利于城市通风和临街建筑物获得良好日照。例如，在南方城市干道走向宜平行于夏季主导风向，而北方尤其是位于干旱寒冷、多风沙的西北地区，为了减轻冬季常有的大风雪和风沙的袭击，干道走向宜与大风主导风向有一定偏斜角度。并在城市边缘布置防护林带。从日照要求来看，道路的朝向最好取南北和东西的中间方位，并与南北子午线成 $30° \sim 60°$ 的夹角，既考虑到日照，又便于沿街建筑的布置。

5. 便于道路绿化和管线的布置

设计干道走向、路幅宽度、控制标高时，要适应道路绿化和管线用地的要求。尽可能将沿街建筑红线后退，预留出沿街绿化用地。要根据道路的性质、功能、宽度、朝向、地上地下管线位置、建筑间距和层数等进行统筹安排。在满足交通功能的同时，要考虑植物生长的良好条件，行道树的生长需在地上、地下占据一定的空间，需要适宜的土壤与日照条件。

6. 满足城市建设艺术的要求

道路不仅是城市的交通地带，它与城市自然环境、沿街主要建筑物、绿化布置、地上各种公用设施等协调配合，对体现城市面貌起着重要作用。因此，对道路设计有一定的造型艺术要求。通过路线的柔顺、曲折起伏，两旁建筑物的进退，高低错落的绿化配置，以及公用设施、照明等来协调道路立面、空间组合、色彩与艺术形式，给居民以美的享受。

（二）道路绿地率指标

道路绿地率是指道路红线范围内各种绿带宽度之和占总宽度的比例，是城市道路用地中的重要组成部分。在城市规划的不同阶段，确定不同级别城市道路红线的位置时，根据道路红线的宽度和性质确定相应的绿地率，可保证道路的绿化用地，也可减少绿化与市政公用设施的矛盾，提高道路的绿化水平。

《城市道路绿化规划与设计规范》（CJJ 75—97）对道路绿地率有如下规定。

第一，园林景观路绿地率不得小于 40 %。园林景观路是指在城市重点路段，强调沿线绿化景观，体现城市风貌、绿化特色的道路。正因为是需要绿化装饰的街景，对绿化要求较高，所以需要较多的绿地。

第二，道路红线宽度大于 50 m 的道路绿地率不得小于 30 %。道路红线大于 50 m 宽度的道路多为大城市的主干路，因为主干路车流量大，交通污染严重，需要较多的绿地进行防护。

第三，道路红线宽度在 40 ～ 50 m 的道路绿地率不得小于 25 %。

第四，道路红线宽度小于 40 m 的道路绿地率不得小于 20 %。20 % 是道路绿地率的下限，既要满足交通用地的需要，也要保证道路的基本绿化用地。

（三）道路绿地布局与景观总体设计

道路绿地是指道路及广场用地范围内可以进行绿化的土地。道路绿地分为道路绿带、交通岛绿地、广场绿地和停车场绿地等。

1. 道路绿地的总体布局

首先，确定道路绿地的横断面布置形式。例如，设几条绿带、采用对称形式或不对称形式。在城市道路上，除布置各种绿带外，还应将街旁游园、绿化广场、绿化停车场及各种公共建筑前的绿地建筑有节奏地布置在道路两侧，形成点、线、面相结合的城市绿化景观。其次，还要考虑与各种市政设施有无矛盾。

道路绿地布局要遵循《城市道路绿化规划与设计规范》的规定：

（1）种植乔木的分车绿带宽度不得小于1.5 m；主干路上的分车绿带宽度不宜小于2.5 m；行道树绿带宽度不得小于1.5 m。

（2）主、次干路中间分车绿带和交通岛绿地不得布置成开放式绿地。

（3）路侧绿带宜与相邻的道路红线外侧其他绿地相结合。

（4）人行道毗邻商业建筑的路段，路侧绿带可与行道树绿带合并。

（5）道路两侧的环境条件差异较大时，宜将路侧绿带集中布置在条件较好的一侧。

道路两侧的环境条件差异较大，主要指道路两侧的光照、温度、风速和土质等与植物生长要求有关的环境因子差异较大。将路侧绿带集中布置在条件较好的一侧，有利于植物的生长。

2.景观总体设计

景观总体设计是城市设计不可分割的部分，也是形成城市面貌的决定性因素之一。城市景观构成要素很多，大至自然界的山川、河流湖泊、园林绿地、建筑物、构筑物、道路、桥梁，小至喷泉、雕塑、街灯、座椅、交通标志、广告牌等。景观设计要满足功能、视觉和心理等要求，将它们有机地组合成统一的城市景观。

城市园林绿地是城市景观的重要组成部分，是一种人工与自然结合的城市景观，可以起到塑造城市风貌特色的作用。城市园林绿地以各类园林植物景观为主体，植物品种繁多，观赏特性丰富多样，有观姿、观花、观叶、观果、观干等，充分发挥其形、色、香等自然特性。作为景观素材，在植物配置时，要从功能与艺术上考虑，采用孤植、列植、丛植、群植等配置手法，依据立地条件，从平面到立面空间创造丰富的人工植物群落景观，将自然气息引入城市，渗透、融合于以建筑为主体的城市空间，丰富城市景观，美化城市环境，满足城市居民回归大自然的心理需要。

道路是一个城市的走廊和橱窗，是一种通道艺术，有其独特的广袤性，是人们认识城市的主要视觉和感觉场所，是反映城市面貌和个性的重要因素。构成街景的要素包括：道路、绿地、建筑、广场、车和人。道路、桥梁、广场自身的线型、造型美，道路外观的修饰美，道路绿化的特色美，都可以体现城市的绿化风貌和景观特色。人们对道路栽种行道树的要求已由从属于交通提高到道路景观、绿地景观、城市景观的位置。

（1）在城市绿地系统规划中，应确定园林景观路与主干路的绿化景观特色。园林景观路是指在城市重点路段，强调沿线设置绿化景观，体现城市风貌与绿化特色的道路是道路绿化的重点。考虑具有较好的绿化条件，应选择观赏价值较高、有地方特色的植物，合理配置并与街景配合以反映城市的绿化特点与绿化水平。主干路是城市道路网的主体，贯穿于整个城市，应有一个长期稳定的绿化效果，形成一种整体的景观基调。植物配置应注意空间层次、色彩搭配，体现城市道路绿地的景观特色和风貌。

（2）同一条道路的绿化宜有统一的景观风格，不同路段的绿化形式可有所变化。同一条道路的绿化具有统一的景观风格，可使道路全程绿化在整体上保持统一协调，提高道路绿化的艺术水平。较长的道路分布多个路段，各路段的绿地在保持整体景观统一的前提下，可在形式上有所变化，使其能够更好地结合各路段的环境特点，丰富街景。

（3）同一路段上的各类绿带在植物的配置上应注意高低层次、浓淡色彩的搭配和季相变化等，并应协调树形组合、空间层次的关系，使道路绿化有层次、有变化，不但能丰富街景，还能更好地发挥绿地的隔离防护功能。

（4）毗邻山、河、湖、海的道路，其绿地应结合自然环境，突出自然景观特色。在以建筑为主体的城市空间等单调、枯燥的人工环境中，山、河、湖、海等自然环境在城市中是十分可贵的；而毗邻自然环境的道路，要结合自然环境，并以植物所独有的丰富色彩、季相变化和蓬勃的生机展示自然风貌。

（5）人们在道路上经常处于运动状态，由于运动方式、速度不同，对道路景观的视觉感受也不同。因此，在道路绿化设计时，考虑静态视觉艺术的同时也要充分考虑动态视觉艺术。例如，主干道按车行的中速来考虑景观节奏和韵律；行道树的设计侧重慢速；路侧带、林荫路、滨河路以静观为主。

（6）将道路这一交通空间赋予生活空间的功能。道路伴随着建筑而存在，完美的街道必须是一个协调的空间，景观设计中应注意借助周围的自然景色、文物古迹，融入道路两侧建筑物的韵律，与道路两侧的橱窗相呼应；还应注意各种环境设施，如路标、垃圾箱、电话亭、候车廊、路障等。在充分发挥其功能的前提下，在造型、材料、色彩、尺度等方面均需精心设计。城乡接合部道路交叉口、交通岛、立交桥绿岛、桥头绿地等处的园林小品、广告牌，以及代表城市风貌的城市标志等均应纳入绿地设计，由专业人员设计、施工，形成统一完美的道路景观。

（四）树种及地被植物选择

树种选择关系到道路绿化的成败，树木生长的好坏、快慢、寿命长短等关系到绿化效果及绿化的效应是否能充分发挥。

1. 树种选择的基本原则

道路绿化应选择适应道路环境条件、生长健壮、绿化效果稳定、观赏价值高和环境效益好的植物种类。

城市道路环境受到许多因素的影响：恶劣的自然环境，如土壤不仅体积有限，而且干旱瘠薄，多砖、石等建筑废料；城市排出的污水、污物，如含盐的污水、油垢、汽油等；夏季干旱的风、辐射热；冬季的寒冷和由建筑物引起干旱风；空气中的臭氧、二氧化硫、烟雾、灰尘、煤烟等有毒气体，这些都会影响树木的正常生长。除了恶劣的自然环境外，建筑与市政施工、车辆、行人等人为破坏对道路环境的影响也是严重的。选择树种时，要掌握各种树木的生物学特性及其具体栽植位置的环境，找到与之相适应的树种，做到识地识树才能做到适地适树。

由于道路环境差异大和道路性质不同，对绿地功能要求复杂多样，因此道路绿化的树种和配置也相应多样化。道路绿化树种选择应以乡土树种和已引种成功的外来树种相结合，这样既能体现地方风格，又能美化城市，满足道路绿化的多功能要求。

寒冷积雪地区的城市分车绿带、行道树绿带种植的乔木应选择落叶树种，因为落叶树种在冬季落叶后，对阳光的遮挡减少，能提高地面温度，使地面冰雪尽快融化；而常绿树则因生长慢、分枝点低、夏季遮阴面小，尤其是冬季遮挡阳光，造成不良效果。在沿海城市要选择抗海潮、抗风的树种。

2. 行道树的树种选择

行道树是道路绿化的主要组成部分，道路绿化的效果与行道树的选择有紧密的联系。行道树应选择根深、分枝点高、冠大荫浓、生长健壮、适应城市道路环境条件且落果对行人不会造成危害的树种。

（1）选择根深的树种，避免暴风雨时倒伏；注意选择根系不会抬高人行道或堵塞地下管道的树种。

（2）冠大荫浓的树木在夏季能使车行道和人行道上有大片的荫凉，减免日晒之苦，同时其滞尘、减噪、防风等效果更佳。

（3）选择生长健壮、不因速生和材质软而增加管理投入的树种。

（4）行道树绿带自身面积不大，两侧是道路基础和城市管线，土质差、施肥少。所以行道树树种应选择具有在瘠薄土壤上生长的能力，耐干旱、耐强风和在高强度反射的阳光下叶片不变褐、不枯焦的树种。

（5）为增加行道树色彩，种植观花和观果树种时要选择引人注目但不脏乱、无恶臭或刺激性气味、不污染环境、不污染行人衣物、落果不致砸伤行人的树种。

（6）为了保证道路行车净空，不遮挡道路两侧的交通标志、交通照明，以及保证和架空线的距离等安全美观的要求，行道树要经常进行整形修剪。

《建筑、园林、城市规划》一书中对行道树树种选择提出十项要求：树冠冠幅大，枝叶密；耐瘠薄土壤；耐修剪；扎根深；病虫害少；落果少，没有飞絮；发芽早，落叶晚；耐旱，耐寒；寿命长；材质好。

余树勋先生介绍的国际上选择行道树的十条标准是：发叶早、落叶迟、夏季绿、秋色浓，落叶时间短，叶片大而利于清扫；冬态树形美，枝叶美，冬季可观赏；叶、花、果可供观赏，且无污染；树冠形状完整，分枝点在 1.8 m 以上，分枝的开张度与地平面形成 30° 以上，叶片紧密，可提供浓荫；大苗好移植，繁殖容易；能在城市环境下正常生长，抗污染，抗板结，抗干旱；抗强风、大雪，根系深，不易倒伏，不易折断枝干及大量落叶；生命力强，病虫害少，管理省工；寿命较长，生长不慢；耐高温，也耐低温。

3.花灌木树种选择

花灌木应选择花繁叶茂、花期长、生长健壮和便于管理的树种。花灌木的种类很多，选择有较大的灵活性。

（1）路旁栽植的花灌木应注意选用无细长萌蘖或向四周伸出稀疏枝条的、树形整齐的树种，最好无刺或少刺，以免妨碍车辆和行人。

（2）耐修剪、再生力强，以便控制植物高度和形状。

（3）生长健壮、抗性强，能忍耐尘埃和路面辐射的热量。

（4）枝、叶、花无毒和无刺激性气味。

（5）最好花先于叶开放、果实有观赏价值。

4.植篱树种选择

（1）植篱树种应选择萌芽力强、发枝力强、愈伤力强、耐修剪、耐荫、病虫害少的树种。

（2）叶片小而密、花小而多、果小而繁。

（3）移植容易，生长速度适中。

（4）植株下枝不透空且自茎部分枝生长。

5.地被植物选择

（1）植株低矮，覆盖度大，具有蔓生性和茎叶密生等特性。

（2）生长快，繁殖力强，能在短期内覆盖地面，并且能在长时间（5～10年）保持良好效果。

（3）管理粗放，病虫害少，抗杂草力强，耐践踏，全年保持一定的观赏效果。

（4）景观效果好，不论叶片、花、果均具有观赏价值，且无毒、无恶臭、无刺、枝叶不伤流。

6.草坪植物选择

（1）植株匍匐型，成丛生状，生长低矮，能紧密地覆盖地面，平整美观。

（2）叶片细而柔软，富有弹性，绿色期长。

（3）适应性强，抗干旱，抗病力强，耐践踏，耐修剪。

（4）繁殖力强，结实量大，发芽力强，再生性萌蘖性强，覆盖率高。

（5）草种无刺，无毒和不良气味，对人畜无害。

四、城市道路生态绿地的具体规划设计

（一）道路绿带设计

道路绿带是指道路沿线范围内的带状绿地。道路绿带分为分车绿带、行道树绿带。

1.道路的横断面布置形式

（1）一板二带式

即一条车行道，两条绿带。适用于路幅较窄、车流量不大的次干道和居住区道路，是最常见的一种形式。其优点是简单整齐、用地比较经济、管理方便。其缺点是机动车与非机动车混行，不便于组织交通，且当车行道过宽时，绿化遮阴效果差。

（2）二板三带式

即车行道中间以一条绿带隔开，分成单向行驶的两条车行道，道路两侧各一行行道树绿带，适用于机动车多、夜间交通量大而非机动车少的道路。其优点是有利于绿化布置、道路照明和管线敷设，道路景观好；车辆成为单向行驶，解决对向车流相互干扰的矛盾。缺点是由于机动车与非机动车混行，仍不能解决相互干扰的矛盾；而且车辆行驶时机动性差，转向需要绕道；在城市中心地区人流量较大的道路，行人从中间绿带穿行易造成交通事故。

（3）三板四带式

即利用两条分隔带把车行道分成三条，中间为机动车道，两侧为非机动车道，连同车道两侧的行道树绿带共有四条绿带。适用于路幅较宽，机动车、非机动车流量大的主要交流干道。其优点是：①组织交通方便、安全、较好地解决了各种车辆相互干扰的矛盾，提高车辆行驶速度，同时分隔带还可起到安全岛的作用；②较好地处理了照明灯杆与绿化的矛盾，使照度达到均匀，有利于夜间行车安全；③由于布置了多行绿带，夏季遮阴效果好，不仅对行人、车辆往来有利，还可保护路面，减少炎夏沥青路面泛油；④机动车在道路中间，距道路两侧建筑物较远，且有几条绿带阻隔，吸尘、减噪等效果好，从而提高了环境质量；⑤便于实施分期修建，如先建机动车道部分，供机动车、非机动车混行，待城市发展、交通量加大后再扩建为三块板，分期敷设发展地下管线。其缺点是公共交通车辆停靠站上、下的乘客要穿行非机动车道，不方便；占地较大，建设投资高。

（4）四板五带式

利用三条分隔带将车道分为四条，共有五条绿带，适用于大城市的交通干道。其优点是各种车辆均形成单向行驶，互不干扰，保证了行车速度和行车安全。缺点是用地面积较大，建设投资高。目前在中国设置的不多，有些大城市在原有路面上设置栏杆或隔离墩，将道路分隔成四板五带式，有一带或两带仅是一条线，无法绿化，这一形式仅能解决交通问题，其他功能仍属二板三带或三板四带。

（5）其他形式

由于城市所处地理位置、环境条件、城市景观要求不同，道路横断面设计产生许多特殊形式。①在道路红线内将车道偏向一侧，另一侧留有较宽的绿带设计成林荫路；临河、湖、海的道路设计成滨河林荫路等。②在北方城市东西走向的道路，若南侧沿线有高大建筑群，建筑物会在人行道上造成阴影，不利于植物生长，可将道路中线偏向南侧，减少南侧绿地宽度，增加北侧绿地面积。③在地形起伏较大的城市或地段，路线沿坡地布置时，可结合自然地形将车行道与人行道分别布置在不同的平面上，各组成部分之间可用挡土墙或斜坡连接，或按行车方向划分为上下行线的布置。④道路沿谷地设置时可布置为路堑式或路堤式。

为避免树木根系破坏路基，路面在 9 m 以下时，树木不宜种在路肩上，应种植在边沟以外，距外缘 0.5 m 为宜；路面在 9 m 以上时，可在路肩上植树，距边沟内缘不小于 0.5 m。

三板四带式比较适应城市交通现代化发展的要求，是城市主要交通干道的发展方向。具体到每个城市应根据城市规模、道路性质、交通特点、用地和拆迁工作量等因素，经综合分析后确定。中小城镇不可盲目模仿大城市的三板四带形式，一来会造成土地利用和道路投资的浪费，二来由于道路两侧没有大体量的建筑物，整体城市景观会给人以空旷之感。

2.道路绿带的种植形式

（1）列植式

同一种类、品种的乔木或灌木按一定的间隔排列成一行种植。这是在比较窄的绿带上使用最简单、最常见的形式，而在较宽的绿带中可用双行或者多行列植。

（2）叠植式

两列树木呈品字形排列。

（3）多层式

将常绿树、乔木、灌木等树木用同样间距、同样大小，形成高低不同的多层次规则式种植。

（4）自然式

在一定宽度的绿带内布置有节奏的自然树丛，具有高低、大小、疏密和各种形体的变化，但保持平衡的种植方式叫作自然式种植。如北京市北四环路两侧分车绿带宽6.7 m，路侧绿带宽9 m，均采用自然式种植，有油松、合欢、栾树、木植、紫薇等，每隔50～80 m有节奏地种植。

（5）花园式

多用于可供人们进入短暂休憩的林荫路、街旁游园等。

3.道路分车绿带设计

（1）分车带

分车带是用来分隔干道的上下车道和快慢车道的隔离带，组织车辆分向、分流，起疏导交通和安全隔离的作用。因占有一定宽度，除了绿化还可以为行人过街停歇、照明杆柱、设置交通标志、公交车辆停靠等提供用地。分车带的类型有三种：①分隔上下行车辆的一条带；②分隔机动车与非机动车的两条带；③分隔机动车与非机动车并构成上下行的三条带。分车带的宽度因路而异，没有固定的尺寸，分车带宽度占道路总宽度的比例也没有具体规定。分车绿带最窄为1.5 m，常见的分车绿带为2.5～8 m，大于8 m宽的分车绿带可作为林荫路设计。加宽分车带的宽度，使道路分隔更为明确，街景更加壮观，同时为今后道路拓宽留有余地，但行人过街不方便。为了便于行人过街，分车带应进行适当分段，一般每段75～100 m为宜，尽可能与人行横道、停车站、大型商店和人流集中的公共建筑出入口相结合。

（2）道路分车绿带

道路分车绿带是指车行道之间可以绿化的分隔带，其位于上下行机动车道之间的为中间分车绿带；位于机动车道与非机动车道之间或同方向行驶机动车道之间的为两侧分车绿带。人行横道在绿带顶端通过时，绿带的位置上进行铺装；人行横道线在靠近绿带顶端通过时，在人行横道线的位置上进行铺装，在绿带顶端剩余位置种植低矮灌木，也可种植草坪或花卉；人行横道线在分车绿带中间通过时，人行横道线的位置上进行铺装，铺装两侧不要种植绿篱或灌木，以免影响行人和驾驶员的视线。公共汽车或无轨电车等车辆的停靠站设在分车绿带上时，大型公共汽车每一路大约要30 m长的停靠站，在停靠站上需留出1～2 m宽的地面铺装为乘客候车使用。绿带尽量种植乔木为乘客提供阴凉，分车绿带在5 m以上时，可种绿篱或灌木，但应设护栏进行保护。

分车带靠近机动车道，距交通污染源最近，光照和热辐射强烈、干旱、土层深度不够，往往土质差（垃圾土或生土）、养护困难，应选择耐瘠薄、抗逆性强的树种。灌木宜采用片植方式（规则式、自然式）利用种内互助的内含性，提高抵御能力。分车绿带的植物配置应形式简洁、树形整齐、排列一致。分车绿带形式简洁有序，驾驶员容易辨别穿行道路的行人，可减缓驾驶员视线疲劳，有利于行车安全。为了交通安全和树木的种植养护，分车绿带上种植乔木时，其树干中心至机动车道路缘石外侧距离不能小于0.75 m。

被人行道或道路出入口断开的分车绿带，其端部应采取通透式栽植。通透式栽植是指绿地上配置的树木，在距相邻机动车道路面0.9～3.0 m的高度范围内，其树冠不遮挡驾驶员视线的配置方式。采用通透式栽植是为了穿越道路的行人或并入的车辆容易看到过往车辆，以保护行人、车辆安全。

（3）中间分车绿带

在中间分车绿带上，在距相邻机动车道路面 0.6 ～ 1.5 m 的高度范围内种植灌木、灌木球、绿篱等枝叶茂密的常绿树，能有效地阻挡夜间相向行驶车辆前照灯的眩光，其株距不大于冠幅的 5 倍。中间分车绿地种植形式有以下三种。

第一种，绿篱式。绿带内密植常绿树经过整形修剪，使其保持一定高度和形状。这种形式栽植宽度大，行人难以穿越，而且由于树间没有间隔，杂草少，管理容易。在车速不高的非主要交通干道上，可修剪成有高低变化的形状或用不同种类的树木间隔片植。

第二种，整形式。将树木按固定的间隔排列，有整齐划一的美感，但路段过长会给人一种单调的感觉。可采用改变树木种类、树木高度或者株距等方法丰富景观效果。这是目前使用最普遍的方式，有用同一种类单株等距种植或片状种植，也有用不同种类单株间隔种植、不同种类间隔片植等多种形式。

第三种，图案式将树木修剪成几何图案，整齐美观，但需经常修剪，养护管理要求高。可在园林景观路、风景区游览路使用。

在中间分车绿带上应种植高在 70 cm 以下的绿篱、灌木、花卉、草坪等，使驾驶员不受树影、落叶等的影响。实际上，目前我国在中间分车绿带中种植乔木的有很多，一是中国大部分地区夏季炎热，需考虑遮阴；二是目前我国机动车车速不高，树木对驾驶员的视觉影响不大，因而在分车绿带上采用了以乔木为主的种植形式。

（4）两侧分车绿带

两侧分车绿带距交通污染源最近，其绿化所起的减少烟尘、减弱噪声的效果最佳，并对非机动车有庇护作用。因此，应尽量采取复层混交配置，扩大绿量，提高保护功能。两侧分车绿带的乔木树冠不要在机动车道上面搭接，形成绿色隧道，这样会影响汽车尾气及时向上扩散，污染道路环境。植物配置方式很多，常见的有如下三种。

①分车绿带宽度小于 1.5 m 时，绿带只能种植灌木、地被植物或草坪。
②分车绿带宽度等于 1.5 m 时，以种植乔木为主。这种形式遮阴效果好，施

工和养护容易。在两株乔木中间种植灌木，这种配置形式比较活泼。开花灌木可增加色彩，常绿灌木可改变冬季道路景观，但要注意选择耐荫的灌木和草坪种类，或适当加大乔木的株距。③分车绿带宽度大于 2.5 m 时，可采取落叶乔木、灌木、常绿树、绿篱、草地和花卉相互搭配的种植形式。

4. 行道树绿带设计

行道树绿带是指布设在人行道与车行道之间、以种植行道树为主的绿带。其宽度应根据道路的性质、类别和对绿地的功能要求及立地条件等综合考虑而决定，但不得小于 1.5 m。

（1）行道树绿带的主要功能

行道树绿带的主要功能是为行人和非机动车提供阴凉，因此行道树绿带应以种植行道树为主。绿带较宽时可采用乔木、灌木、地被植物相结合的配置方式，提高防护功能、加强绿化景观效果。

（2）行道树的种植方式

第一种，树带式。在人行道与车行道之间留出一条不小于 1.5 m 宽的种植带。根据树带的宽度种植乔木、绿篱和地被植物等，形成连续的绿带。在树带中铺草或种植地被植物，不要有裸露的土壤。这种方式有利于树木生长和增加绿量，改善道路生态环境和丰富城市景观。在适当的距离和位置留出一定量的铺装通道，便于行人往来。若是一板两带的道路还要为公交车等留出铺装的停靠站台。树带式行道树绿带种植有槐树、月季、大叶黄杨篱等。

第二种，树池式。在交通量比较大、行人多而人行道又狭窄的道路上采用树池的方式。但树池式营养面积小，又不利于松土、施肥等管理工作，不利于树木生长。

（3）行道树绿带的种植设计

第一种，行道树树干中心至路缘石外侧最小距离应为 0.75 m，以便公交车辆停靠和树木根系的均衡分布，防止倒伏，便于行道树的栽植和养护管理。

第二种，在弯道上或道路交叉口行道树绿带上种植的树木，应距相邻机动车道路面高度 0.9 ~ 3.0 m，其树冠不得进入视距三角形范围内，以免遮挡驾驶员视线，影响行车安全。

第三种，在同一街道采用同一树种、同一株距对称栽植，既可更好地起到遮阴、减噪等防护功能，又可使街景整齐雄伟，体现整体美。若要变换树种，最好从道路交叉口或桥梁等地方变更。

第四种，在一板二带式道路上，路面较窄时注意两侧行道树树冠不要在车行道上衔接，以免造成飘尘、废气等不易扩散。应注意树种选择和修剪，适当留出"天窗"，以便污染物扩散、稀释。

第五种，在车辆交通流量大的道路及风力很强的道路上，应种植绿篱。

第六种，行道树绿带的布置形式多采用对称式，即道路横断面中心线两侧，绿带宽度相同。植物配置和树种、株距等均相同，如每侧一行乔木或一行绿篱一行乔木等。道路横断面为不规则形式时，或道路两侧行道树绿带宽度不等时，采用不同树种的不对称栽植。如山地城市或老城旧道路幅较窄，采用道路一侧种植行道树，而另一侧布设照明等杆线和地下管线，根据行道树绿带的宽度设计行道树。比如，一侧一行乔木，而另一侧是灌木；一侧一行乔木，另一侧两行乔木等。或因道路一侧有架空线而采取道路两侧行道树树种不同的非对称栽植，如北京市东黄城根北街一侧元宝枫、杜仲，另一侧为毛白杨。也可采用行道树绿带不等宽的不对称栽植，如北京市美术馆后街一侧一行乔木，另一侧两行乔木。

5. 路侧绿带设计

路侧绿带是指在道路侧布设在人行道边缘至道路红线之间的绿带，是构成道路优美景观的地段。常见的路侧绿带形式有三种：第一种是因建筑物与道路红线重合，路侧绿带毗邻建筑布设；第二种是建筑退让红线后留出人行道，路侧绿带位于两条人行道之间；第三种是建筑退让红线后在道路红线外侧留出绿地，路侧绿带与道路红线外侧绿地结合。

路侧绿带与沿路的用地性质或建筑物关系密切，有的建筑物要求绿化衬托，有的建筑物要求绿化防护。因此，路侧绿带应用乔木、灌木、花卉、草坪等结合建筑群的平、立面组合关系，造型，色彩等因素，根据相邻用地性质、防护和景观要求进行设计，并应在整体上保持绿带连续、完整和景观效果的统一。

路侧绿带的宽度大于 8 m 时，可设计成开放式绿地。内部铺设游步道和供短暂休憩的设施，方便行人进入游憩，以提高绿地的功能和街景的艺术效果，但绿化用地面积不得小于该段绿带总面积的 70 %。

（1）人行道设计

一方面，人行道的主要功能是满足步行交通的需要；另一方面，城市中的地下公用市政设施管线必须在道路横断面上安排，灯柱、电线杆和无轨电车的架空触线柱的设施也需占用人行道等。所以，在设计人行道宽度时，除满足步行交通需要外，也应满足绿化布置、地上杆柱、地下管线、交通标志、信号设施、护栏，以及邮筒、果皮箱、消防栓等公用附属设施安排的需要。

我国实践经验表明，一侧人行道宽度与道路路幅宽度之比为 1:7 ~ 2:7，以步行交通为主的小城镇为 1:4 ~ 1:5。人行道的布置通常对称布置在道路的两侧，但因地形、地物或其他特殊情况也可两侧不等宽或不在一个平面上，或仅布置在道路一侧。

（2）道路红线与建筑线重合的路侧绿带种植设计

在建筑物或围墙的前面种植草皮花卉、绿篱、灌木丛等，主要起美化装饰和隔离作用，一般行人不能入内。设计时，一是注意建筑物做散水坡，以利排水；二是绿化种植不要影响建筑物通风和采光，如在建筑物两窗间可采用丛状种植物。树种选择时注意与建筑物的形式、颜色和墙面的质地等相协调，如建筑物立面颜色较深时，可适当布置花坛，取得鲜明对比；在建筑物拐角处选枝条柔软、自然生长的树种来缓冲建筑物生硬的线条。绿带比较窄或朝北高层建筑物前局部小气候条件恶劣、地下管线多，绿化困难的地带，可考虑用攀缘植物来装饰，可用装饰墙面、栏杆或者竹、铁、木条等材料制作一些攀缘架，种植攀缘植物，增加绿量。

（3）建筑退让红线后留出人行道，路侧绿带位于两条人行道之间的种植设计

一般商业街或其他文化服务场所较多的道路旁设置两条人行道，一条靠近建筑物附近，供进出建筑物的人使用，另一条靠近车行道，为穿越街道和过街行人使用。路侧绿带位于两条人行道之间，其种植设计视绿带宽度和沿

街的建筑物性质而定。一般街道或遮阴要求高的道路，可种植两行乔木；商业街要突出建筑物立面或橱窗时，绿带设计宜以观赏效果为主，如种植常绿树、开花灌木、绿篱、花卉、草皮，或设计成花坛群、花境等。

（4）建筑退让红线后，在道路红线外侧留出绿地，路侧绿带与道路红线外侧绿地结合

道路红线外侧绿地有街旁游园、宅旁绿地、公共建筑前绿地等。这些绿地虽不统计在道路绿化用地范围内，但能加强道路的绿化效果。因此，一些新建道路往往要求和道路绿化一并设计。

（二）林荫道绿地设计

林荫道是指与道路平行并具有一定宽度的，供居民步行通过、散步和短暂休息用的带状绿地。

1. 林荫道的功能

林荫道利用植物与车行道隔开，在不同地段开辟出各种不同的休息场地，并有简单的园林设施，可起到小游园的作用，扩大了群众活动场所，增加了城市绿地面积，弥补了绿地分布不均匀的缺陷。林荫道种植了大量树木花草，减弱城市道路上的噪声、废气、烟尘等的污染，为行人创造良好的小气候和卫生条件。在绿地内布设花坛、水池、雕像等，从而美化了环境，丰富了城市街景。

2. 林荫道的设置形式

按照林荫道在道路平面上的布置位置，分为以下三种。

第一种，设置在道路中央纵轴线上。优点是道路两侧的居民有均等的机会进入林荫道，使用方便，并能有效地分隔道路上的对向车辆。但行人进入林荫道必须横穿车行道，既影响车辆行驶，又不安全。此类形式多在机动车流量不大的道路上采用，出入口不宜过多。

第二种，设置在道路一侧。减少了行人在车行道的穿插，交通比较繁忙的道路多采用这种形式。宜选择在便于居民和行人使用的一侧，有利于植物生长的一侧，能充分利用自然环境，如山、林、水体等有景可借的一侧。

第三种，分设在道路两侧。分设在道路两侧与人行道相连，可以使附近居民和行人不用穿越车行道就可到达林荫道内，比较方便、安全，对道路两侧建筑物也有一定的防护作用。在交通流量大的道路上采用这种形式，可有效地防止和减少机动车所产生的废气、噪声、烟尘和震动等公害的污染。

按照林荫道用地宽度分为以下三种布置形式。

第一种，单游步道式。林荫道宽度在 8 m 以上时，在中间或一侧设一条游步道；林荫道宽度为 3～4 m 时，用绿带与城市道路相隔。单游步道式多采用规则式布置，游步道的两侧设置座椅、花坛、报栏、宣传牌等。视宽度种植单行乔木、灌木丛和草皮等绿地，或用绿篱与道路分隔。

第二种，双游步道式。林荫道宽度在 20 m 以上时，设两条或两条以上游步道。布置形式可采用自然式或规则式。中间的一条绿带布置花坛、花境、水池、绿篱或乔、灌木。游步道分别设在中间绿带的两侧，沿步道设座椅、果皮箱等。车行道与林荫道之间的绿带的主要功能是隔离车行道，保持林荫道内部安静、卫生，因此可种植浓密的绿篱、乔木以形成绿墙，或种植两行高低不同的乔木与道路分隔，立面布置成外高内低的形式。若林荫道是设在道路一侧的，则沿道路车行道一侧绿化种植以防护功能为主，靠建筑一侧种植矮篱、树丛、灌木丛等，以不遮挡建筑物为宜。

第三种，游园式。林荫道宽度在 40 m 以上时，可布置成带状公园，布置形式为自然式或规则式。除两条以上的游步道外，开辟小型儿童活动场地、小广场、花坛和简单的游憩设施。植物配置应考虑与城市环境的关系及园外行人、乘车人对公园外貌的观赏效果。

（三）滨河路绿地设计

滨河路是城市中临江、河、湖、海等水体的道路。滨河路在城市中往往是交通繁忙而景观要求又较高的城市干道，需要结合其他自然环境、河岸高度、用地宽窄和交通特点等进行布置。

1. 滨河路设计

河岸线地形高低起伏不平，遇到一些斜坡、台地时，可结合地形将车行道与滨河路分设在不同高度上。在台地或坡地上设置的滨河路，常分两层处理：一层与道路路面标高相同；另一层设在常年水位标高以上。两者之间以绿化斜坡相连，垂直联系用坡道或石阶贯通。在平台上布置座椅、栏杆、棚架、园灯、小瀑布等。设有码头或小广场的地段，通常在石阶通道进出口的中间或两侧设置雕塑、园灯等。

为了保护江、河、湖岸免遭波浪、地下水、雨水等的冲刷而坍塌，需修建永久性驳岸，驳岸多采用坚硬的石材或混凝土制成。临近宽阔水面的规则式林荫路，在其驳岸顶部加砌岸墙；高度 90～100 cm、狭窄的河流，应在驳岸顶部用栏杆围起来或将驳岸与花池、花钵结合起来，便于游人看到水面，欣赏水景。自然式滨河路加固驳岸可采用绿化方法，在坡度为 1:1～1:1.5 的坡上铺草，或加砌草皮砖，或者在水下砌整形驳岸，水面上加叠自然山石，高低曲折变幻，既美化水岸又可供游人休息、垂钓。设有游船码头或水上运动设施的地段，应修建坡道或设置转折式台阶直通水面。

临近水面布置的游步道，游步道宽度最好不小于 5 m，并尽量接近水面。滨河路比较宽时，最好布置两条游步道，一条靠近道路人行道，便于行人往来；一条临近水面，比临近人行道的游步道要宽些，供游人漫步或驻足眺望。水面不十分宽阔，对岸又无景可观时，滨河路可布置得简单些，临水布置游步道，岸边设置栏杆、园灯、果皮箱等；游步道内侧种植树姿优美、观赏价值高的乔木、灌木，种植形式可自由些；树间布置座椅，供游人小憩。

水面宽阔，对岸景观好时，临水宜设置较宽的绿化带，布置游步道、花坛、草坪、园椅、棚架等。在可观赏对岸景点的最佳位置设计一些小广场或凸出水面的平台，供游人伫立或摄影。水面宽阔，能划船、垂钓或游泳；绿化带较宽时，可考虑设计成滨河带状公园。

2. 绿地设计

应充分利用宽阔的水面，临水造景，运用美学原则和造园艺术手法，利用水体的优势与特色，以植物造景为主，配置游憩设施和有特色风格的建筑小品，构成有韵律的、连续性的优美的彩带。人们漫步林荫下，或临河垂钓、水中泛舟，充分享受自然气息。

滨河路绿地主要功能是供人们游览、休息，同时可以护坡、防止水土流失。一般滨河路的一侧是城市建筑，另一侧为水体，中间为绿带。绿带设计手法取决于自然地形、水岸线的曲折程度、所处的位置和功能要求等。如地势起伏、岸线曲折、变化多的地方采用自然式布置，而地势平坦、岸线整齐，又邻宽阔道路干道时则采用规则式布置。

规则式布置的绿带多以草地、花坛群为主，乔木、灌木多以孤植或对称种植；自然式布置的绿带多以树丛、树群为主。

为了减少车辆对绿地的干扰，靠近车行道一侧应种植一行或两行乔木和绿篱，形成绿色屏障。但为了水上的游人和河对岸的行人见到沿街的建筑艺术，不宜完全封闭，要留出透视线。沿水步道靠岸一侧原则上不种植成行乔木，其原因一是影响景观视线，二是怕树木的根系伸展破坏驳岸。步道内侧绿化宜疏朗散植，树冠线要有起伏变化。植物配置应注重色彩、季相变化和水中倒影等，要使岸上的游人能见到水面的优美景色的同时，水上的游人也能见到滨河绿带的景色和沿街的建筑艺术，使水面景观与活动空间景观相互渗透，连成一体。

（四）步行街绿地设计

步行街是指城市道路系统中确定为专供步行者使用，禁止或限制车辆通行的街道。对步行街的管理一般分两种情况：全天供步行者通行或在限定时间内（如每天 9:00—17:00）通行；对车辆的通行，一般在供步行者通行的时间内禁止车辆通行，但准许送货车、清扫车、消防车等特种车辆通行，有的城市还准许固定线路的公共交通车辆通行（如北京市王府井大街）。步行街一般在市、区中心商业、服务设施集中的地区，也称商业步行街。

1. 功能与特点

随着城市的发展，车流、人流的增加，人车混杂，既影响了交通的通畅，又威胁了行人的安全，过去人们在街道上悠然自得地逛街的情趣早已消失。为了促进中心区的城市生活、保护传统街道富有特色的结构，使城市更加亲切近人，使千百年来形成的优秀文化传统生活方式为人们所享受，必须要改善城市的人文环境。步行街要坚持以人为主体的城市设计思想，旨在保证步行者的交通安全、便利、舒适与宁静，为人们提供舒适的步行、购物、休息、社会交往和娱乐的场所，增进人际交流和地域认同感，促进经济的繁荣。步行街可减少车辆，以减少汽车对环境所产生的压力，减少空气和视觉的污染、交通噪声，并且可使建筑环境更富人情味。

国外许多国家十分重视步行街的建设，他们转变了沿交通干道两侧布置商业、服务业建筑的做法，而将商业、服务业建筑集中分布在步行街两侧或步行广场四周。这类步行街具有多功能性，不仅各类商业服务设施齐全，而且布置有供居民休憩和漫步的绿地、花坛、雕塑及儿童游乐场地、小型影剧院等文娱设施，以及造型新颖别致的电话亭、路灯、标志牌等公用设施，有的步行街还设有停车场和便捷的公共交通。随着市场经济的发展、人民生活水平的提高、工作时间的减少，人们的生活方式和购物行为已发生了很大变化，人们上街购物已非单纯是购买物品，还是休息、等候、参观、纳凉、用餐、闲谈、人际交流等获得信息、加强交往、接触社会的一种新的生活方式，并以此来实现自己精神上和心理上的满足。因此，现代商业步行街寓购物于玩赏，置商店于优美的环境之中，它应是一个精神功能重于物质功能的、丰富多彩、充满园林气氛的公共休闲空间，是一个融旅游、商贸、展示、文化等功能为一体的综合体。

步行街有两种类型：一是城市原有的中心商业街通过交通管理或改造而成的步行街，如南京市的夫子庙、北京市的琉璃厂等；二是旧城市的新区或新城市的中心区，按人车分流原则设计的步行街。

2.步行街的设计

步行街周围要有便捷的客运交通，与附近的主要交通干道垂直布置，出入口应安排机动车、自行车停车场或多层停车库、公交车辆的靠站点。

步行街的路幅宽度主要取决于临街建筑物的层次、高度和绿化布置的要求。步行街断面布置要适应步行交通方便、舒适的需要，其宽度、条数应适应行人穿越、停驻、进出商店的交通要求。大中城市的主要商业步行街宽度不宜小于 6 m，区级商业街和小城市不宜小于 4.5 m（不包括行道树、绿带）

；车行道宽度以能适应消防车、救护车、清扫车及营业时间前后为商店服务的货车通行为度量，一般为 7～8 m，其间可配置小型广场。步行街的总宽度一般以 25～35 m 为宜，商业步行区内步行道路和广场的面积可按容纳0.8～1.0 人／平方米计算。步行街吸引了大量人流购物、游览，而人流过多会破坏轻松愉快的气氛。因此，在对步行街进行设计时，不要使人流超过环境容量，给人创造一个安静、舒适的环境。对于严格禁止货运车辆进入的步行街，可考虑结合居住小区规划，设置宽度为 5.5～6.0 m 的平行专用货运道，供商店运输货物，同时也是底层商店的住宅、办公楼的出入通道。

影、剧院最好布置在步行街出入口靠近停车场及公交站附近，它的正面入口宜与步行街穿行方向相垂直，或位于步行街一角，并有专门的疏散通道，减少其散场时大量集中的人流与步行街人流相互穿越干扰。

步行街平、纵线形应结合当地地形、交通特点灵活确定，步行街的纵坡宜平缓，坡度不宜超过 2 %。

中小城市步行街设计时应与集市贸易场地有机结合。为解决当前集市贸易场地占用人行道，影响交通、市容等状况，应在邻近步行街的地方安排集市贸易场地，并借绿化、小空地等与步行街进行分隔，避免人流、噪声等对步行街的干扰，做到分别安排、有机结合。

步行街设计时还要考虑空间的通透和疏通，有意削弱室内和室外、地上和地下的界限，引进自然环境和人工环境，结合自动扶梯、绿化、建筑小品、水体等形成丰富多变、色彩斑斓的环境，使人们在观赏中购物，在购物中观赏。

利用原有的商业街改造的步行街，应注意保留和发展传统风貌，尤其是那些百年老店、古色古香的传统建筑等，都具有历史品格，会使步行街增色生辉。新建或改建其他建筑时，应注意和谐统一，切忌各自为政，破坏了整体性。

3. 绿地设计

构成商业步行街的景观要素在建筑用地空间内，包括建筑物内部、外部、橱窗、招牌、广告等；在人行道空间内，包括人、人行道铺装、花草树木、公用设施、园林建筑小品等；在车行道空间内，包括道路铺装、人行过街天桥、交通信号、车辆等。因此，在绿地设计时，要从整体景观效果考虑。设计人员应到现场进行勘查，对地形、环境条件、视觉关系等进行分析，根据空间大小、功能需要、艺术要求进行设计。

步行者有的忙着赶路而来去匆匆，有的人边走边看，也有的人停下来驻足观看。因此，要灵活运用各种造园手法，创造丰富多样的空间，满足步行者的需要。在商业步行街中，园林空间从属性强，在整体空间的控制下起到补充和陪衬作用，在空间的连续构图中增加层次感和景深感。由于空间尺度小，步行者具有缓慢、敏感和随人流而动的特点，步行者视野受到一定限制，他们会对环境的细部产生强烈的感受。因此，在步行街上的各种小空间，如道路局部、小广场、建筑内庭等都应精心设计、精心施工，达到画龙点睛的效果。

4. 树种选择

必须适地适树，优先选用乡土树种，既能确保植物生长发育正常，又能形成地方特色。为了保持步行街空间视觉的通透，不遮挡商店的橱窗、广告，最好选用形体娇小，枝干、叶形优美的小乔木和花灌木。落叶乔木强调其枝干美，灌木则强调其形态美。在北方城市注意常绿树和落叶树的合理搭配，在建筑物前可适当选用绿篱、花卉、草坪等；在面积较大的绿地内选用常绿树、灌木、地被植物和宿根花卉及草皮等，建立人工植物群落，以此改善步行街的生态条件，提高园林植物的生长质量和景观效果。植物种类不宜过多，种植宜疏不宜密，突出季相变化。

第二节　城市广场生态绿地设计

城市广场是指市中由建筑物、构筑物、道路或绿地等围合而成的开敞空间，是城市公共社会生活的中心。广场是集中反映城市历史文化的空间和城市建筑艺术的焦点，是最具艺术魅力、最能反映现代都市文明的开放空间。

在城市规划与建设中，广场的布置有着很重要的作用。

一、城市广场的功能

城市广场的功能主要有以下六点。

第一，广场作为道路的一部分，是人、车通行和驻留的场所，起交会、缓冲和组织交通的作用，方便人流交通，缓解交通拥挤。

第二，改善和美化生态环境。街道的轴线可在广场中相互连接、调整，加深了城市空间的相互穿插和贯通，增加了城市空间的深度和层次。广场内配置绿化、小品等，有利于人们在广场内开展多种活动，增强了城市生活的情趣，满足人们日益增长的艺术审美要求。

第三，突出城市个性和特色，给城市增添魅力。广场可以以浓厚的历史背景为依托，使人们在休憩中获得知识，了解城市过去的辉煌。

第四，提供社会活动场所，为城市居民和外来人员提供散步、休息、社会交往和休闲娱乐的场所。

第五，城市防灾，广场是火灾、地震等灾害发生后方便人们避难的场所。

第六，组织商贸交流活动。

二、城市广场的特点

随着人们生活水平的提高，为了满足人们的生活需求，很多城市广场涌现出来，城市广场已经成为人们户外休闲娱乐的重要场所之一。现代城市广场主要在社会文化活动方面满足人们的需要，折射出其特有的文化气质，成为了解城市精神文明的窗口。现代城市广场主要有以下四种基本特征。

第一，广场的公共性。现代城市广场是城市户外活动空间的重要组成部分，它的第一个特征就是公共性。如今人们对自身的健康越来越重视，因此人们的户外活动不断增加，城市广场为人们的户外活动、游憩活动等提供场所。同时，现代城市广场的对外交通性大大提升，这也体现了城市广场的公共性。

第二，广场功能的综合性。城市广场功能的综合性一般体现在广场中复杂人群的多种活动要求。综合性是广场具有活力的先决条件，也是城市广场公共空间最具有影响力的原因。现代城市广场空间能够满足人们户外活动多样性的需求，包括聚会、晨练、综艺活动等。

第三，广场空间的多样性。现代城市广场空间的多样性特点能够满足不同功能的需要。一般广场上都会有歌舞表演，这就需要有相对完整的空间，同时，还需要有相对私密的空间来满足人们休息和学习的需求，因此广场的综合性功能必须和多样性的空间相结合，才能实现广场的各项功能。

第四，广场的文化娱乐性。现代城市广场是城市标志性的建筑空间，是反映一个城市居民生活水平和精神面貌的窗口。注重舒适性是现代城市广场设计的普遍追求，在此基础上城市广场的文化娱乐性才能得以体现。广场上的景观设计、植物绿化及一系列基础设施都应给人放松的感觉，要让城市广场空间成为人们在紧张工作之余的一个享受生活、放松身心的场所。人们会在广场内参加一系列的娱乐活动，这种自发的娱乐方式充分反映了城市广场的文化娱乐性。

三、广场绿地生态规划设计要点

在现代城市中，由于形式与功能的复合，对广场进行严格分类比较困难，只能按主要性质、用途及在道路网中所处的地位分为五类：公共活动广场、集散广场、纪念广场、交通广场和商业广场（有的广场兼有多种功能，也可称为综合性广场）。

广场应按照城市总体规划确定的性质、功能和用地范围，结合交通特征、地形、自然环境等进行设计，并处理好与毗邻道路及主要建筑物出入口的衔接，以及和周围建筑物的协调和广场的艺术风貌。广场的空间处理上可用建筑物、柱廊等进行围合或半围合；用绿地、雕塑、小品等构成广场空间；也可结合地形运用台式、下沉式或半下沉式等特定的地形组织广场空间，但不要用墙把广场与道路分开，最好分不清街道和广场的衔接处。广场地面标高不要过分高于或低于道路。四面围合的广场封闭性强，具有较强的向心性和领域性；三面围合的广场封闭性较好，有一定的方向性和向心性；两面围合的广场领域感弱，空间有一定的流动性；一面围合的广场封闭性差。

广场与道路的组合有道路穿越广场、广场位于道路一侧以及道路引向广场等多种形式。广场外形有封闭式和敞开式两种，形状有规则的几何形状或结合自然地形的不规则形状。随着生活水平的提高和生活节奏的加快，人们更加注重城市公共空间的趣味性和人情味，人们对广场和公共绿地等开放空间的要求已不再单纯追求人为的视觉秩序和庄严雄伟的艺术效果，而是希望它成为舒适、方便、卫生、空间构图丰富、充满阳光、绿化和水的富有生气的、优美的休闲场所，来满足人们日益提高的生理上和心理上的需求。因此在对广场和广场绿化进行设计时应充分认识到这一点。

广场绿化应配合广场的性质、规模和广场的主要功能进行设计，使广场更好地发挥其作用。城市广场周围的建筑通常是重要建筑物，是城市的主要标志。应充分利用绿化来配合、烘托建筑群体，作为空间联系、过渡和分隔的重要手段，使广场空间环境更加丰富多彩、充满生气。广场绿地布置和植物配置要考虑广场规模、空间尺度，使绿化更好地装饰、衬托广场，美化广场，改善广场的小气候，为人们提供一个四季如画、生机盎然的休憩场所。在广场绿化与广场周边的自然环境和人造景观环境相协调的同时，应注意保持自身风格的统一。

广场绿地可占广场的全部或一部分面积，也可建在广场的一个点上或分别建在广场的几个点上，或是建在广场的某个建筑物的前面。广场绿地布置配合交通疏导设施时，可采用封闭式布置；面积不大的广场，绿地可采用半封闭式布置，即周围用栏杆分隔，种植草坪、低矮灌木和高大落叶乔木。最好不种植绿篱，使绿地通透。对于休憩绿地可采用开敞式布置方式，布置建筑小品、园路、座椅、照明等。广场绿地布置形式通常为规则的几何图形，如面积较大，也可布置成自然式。

广场绿地的种植方式有三种：①集团式种植，是整形模式的一种，能够合理地把植物进行组合，利用一定规律进行栽种布局，从而达到广场绿地植物的丰富性和艺术性效果，由远及近地产生不同的视觉感受；②排列式种植，在广场绿地种植中，排列式种植模式也是比较常见的一种，它属于整形方式，主要用于广场空间周围的植物生长带，起到分隔的作用，这种种植模式必须把握好植物之间的种植距离，以保证树种的采光，促进绿地植被的生长；③自然式种植，是利用有限空间，通过不同树种和花卉的搭配，在株行距无规律的情况下疏密有序地布局种植，借助空间角度的变化，产生变化丰富的绿地景色。自然式种植必须与实地环境条件结合，才能保证广场绿地植物的健康生长。

中国几千年的造园技艺自古至今在生态艺术性方面发挥了重要作用。随着中国城市化步伐的加快、社会的进步和经济的增长，园林景观在城市规划建设中越来越重要。景观绿地设计虽然在整个城市景观规划中只是一个具体方面，但在某种程度上却体现着景观设计规划者对自然、城市、人类的整体认识。城市的景观绿地作为城市整体规划的一部分，呈现在人们面前的是绿化的分布、配套景观的协调等。人们追求园林城市、生态城市，将造园技艺与绿地设计应用于城市建设，努力使现代城市体现出生态美。

四、不同类型的广场绿地生态规划设计

（一）公共活动广场

公共活动广场一般位于城市的中心地区，地理位置适中，交通方便。布置在广场周围的建筑以党政机关、重要的公共建筑或纪念性建筑为主。其主要是供居民文化休息活动的场所，也是政治集会和节日联欢的公共场所。大城市的公共活动广场可分市、区两级，中小城市人口少，群众集会活动少，可利用体育场兼作集会活动场所。这类广场在规划上应考虑同城市干道联系方便，并对交通组织及与其相适应的各类车辆停放场地进行合理布置。由于这类广场是反映城市面貌的重要场所，因此，广场要与周围的建筑布局相协调，起到相互衬托的作用。

广场的平面形状有矩形、正方形、梯形、圆形或其他几何图形，其长宽

比例以 4:3、3:2、2:1 等为宜,广场的宽度与四周建筑物的高度比例一般以 3～6 倍为宜。广场用地总面积可按规划城市人口每人 0.13～0.40 m² 计算,广场不宜太大,市级广场以 4 万～10 万 m² 为宜,区级以每处 1 万～3 万 m² 为宜。

公共活动广场绿化布局根据主要功能而各不相同,有的侧重庄重、雄伟,有的侧重简洁、娴静,有的侧重华美、富丽堂皇。公共活动广场一般面积较大,为了不破坏广场的完整性,不影响大型活动、阻碍交通,在广场中心一般不设置绿地。在广场周边及与道路相邻处,可利用乔木、灌木,或花坛等进行绿化,既起到分隔作用,又可减少噪声和交通的干扰,保持广场的完整性。在广场主体建筑旁及交通分隔带采取封闭或半封闭式布置。广场集中的成片绿地不应少于广场总面积的 25 %,宜布置为开放式绿地,供人们进入游憩、漫步,提高广场绿地的利用率。植物配置采用疏朗通透的手法,扩大广场的视线空间,丰富景观层次,使绿地更好地装饰广场。广场面积较大,可利用绿地进行分隔,形成不同功能的活动空间,满足人们的不同需要。

1. 石家庄文化广场

石家庄文化广场东西长 219 m,南北宽 101 m,总面积 23 000 m²,分为东、中、西三个活动区。东区为娱乐区,由交谊舞场和露天舞台组成,为群众提供了晨练夜舞的场地;中区为开敞的集会广场,占地 8 000 m²,中心设升降国旗用的旗台旗杆,主旗杆高 20 m,有 8 个相对称的副旗杆分列两行,各高 15 m,旗台前设椭圆形大型音乐喷泉,占地 700 m²;西区为文脉区,中心设有一个世界地图台,面积 870 m²,西区西北部设休闲活动场地,西南部为儿童游乐天地。

广场绿化由固定的和活动的花坛组成,占地约 7 000 m²。固定绿化分布在广场四角,以草坪为主,边角则由大叶黄杨围合。春、夏、秋三季摆设活动花坛,种植应季花卉。

2. 上海市人民广场

上海市人民广场改建为以绿化为主的现代化园林广场,以增强人民广场作为上海市心脏和绿肺的地位和功能。其绿化面积由原来的 20 % 增加到 70 %。用 9 m 宽的干道将广场分成 6 块:博物馆占 1 块,绿化占 5 块。其中一块为中心广场，尺寸为 62 m×62 m，为硬质喷泉广场，将市政大厦、博物馆和北侧人民公园连成一条中轴线，使南京西路至武胜路之间整个地区构成一个有机整体。其他 4 块绿地内开辟 3 m 宽小路，设置环椅、花坛等设施，以草坪、花丛、花灌木为主，形成开阔、明朗的园林空间。沿武胜路设 40～60 m 宽常绿乔木林带，形成绿色屏障，隐蔽周边杂乱环境，树种选用了榉树、银杏、白玉兰、乐昌含笑等新优树种。广场道路采用彩色地砖、嵌草砖，小路则采用冰裂纹青石板路与嵌草石板相结合的形式。

3. 北部湾广场

北部湾广场位于广西北海市建成区中心，四周商业街区是城市文化、交通、经济的交会点。广场呈扇形，面积 4 万 m²，分五个区：①中心区，以"南珠魂"雕塑为中心；②集会广场区，沿四川路建设，为满足小型集会、休闲活动的硬地空间；③文化广场区，沿北部湾中路建设，为市民举行音乐会等文化活动的场所；④草坪区（分为两个区），从"南珠魂"到长青路中轴线两侧布置两块草坪，在"南珠魂"周围布置三个大型花坛，外围种植 14 棵代表 14 个沿海开放城市的友谊树。植物配置以大王椰子、槟榔为基调，配以大片花卉。广场四周种植盆架树和水石榕，在草坪的林地上点缀了槟榔、糖棕等，形成亚热带硬质林荫广场的特色。

4. 南国花园广场

南国花园广场位于深圳市人民路东侧与嘉宾路南侧的交叉口处，东西长 150 m，南北宽 96 m，面积约 1.5 hm²，是以抽象式园林手法设计的下沉式广场。喷水池是广场的主体，直径 13.6 m，池深 0.44 m，为溢流式喷水池，由 S 形水系将喷水池和卵形人工湖相连。绿化配置以大王椰子、金山葵为骨干树种，针叶树有南洋杉，落叶大花乔木有木棉、凤凰木、大叶紫薇，常绿花木有黄槐，遮阴树有印度榕、桃花心木等，花灌木及多年生草本花卉有朱蕉、洒金榕、红绒球等。

5. 长春市振兴广场

长春市振兴广场总面积为 3 hm²，分为两大区域：一是西北角标志性区域；二是以振兴台、"星火燎原"地面喷泉为核心的中心区域。

（1）标志性区域

跨街建大型景观门——振兴门，用长春花环形柱廊将东西两部分连为一体，既是开发区标志入口，又是广场的入口处。柱廊及廊后的乔木形成入口的前景；开发区的厂房及管理区办公楼形成中景；绿色的林带则构成远景。

（2）广场中心区域

振兴台、浮雕壁、"星火燎原"喷泉三者形成广场中心区的主题广场。沿主题广场北轴线延伸到北入口，北入口东设水池、西设绿荫广场、南设组合亭，均为可游、可观、可憩的怡人游憩空间。

（3）外围丛林草坪区

整个广场以高低不同层次的乔木、灌木、针、阔叶树木、树丛状林带环绕。

长春市振兴广场的植物配置丰富多样，广场四周行道树以紫椴树为主，绿荫广场以稠李树为主。广场东南部的种植带以水曲柳、白桦、五角枫、蒙古栎；花灌木以玫瑰、丁香、金雀儿、锦鸡儿、榆叶梅、山杏、山桃为主，组成多层人工自然生态群落。常绿树有山东冷杉、黑松、长白松、偃松、杜松、圆柏、偃柏等；花坛、花境以种植月季、芍药、大花锦葵、蓝草、鸢尾等宿根类为主，适当配置百合、欧洲水仙、郁金香、大丽花、唐菖蒲等球根、块根类花卉。

（二）集散广场

集散广场是城市中主要人流和车流集散点前面的广场，如飞机场、火车站、轮船码头等交通枢纽的站前广场，体育场馆、影剧院、饭店宾馆等公共建筑前的广场，以及大型工厂、机关、公园门前广场等。其主要作用是给人流、车流的集散提供足够的空间，具有交通组织和管理的功能，同时还具有修饰街景的作用。集散广场绿化可起到分隔广场空间及组织人流与车辆的作用，为人们创造良好的遮阴场所，提供短暂逗留休息的适宜场所。绿化可减弱大面积硬质地面受太阳照射而产生的辐射热，改善广场小气候，并与建筑物巧妙地配合，衬托建筑物以达到更好的景观效果。

第四章　城市道路广场景观生态可持续设计

1. 交通枢纽前广场

火车站等交通枢纽前广场的主要作用有四点：一是集散旅客；二是为旅客提供室外活动场所，旅客经常在广场上进行多种活动，如室外候车、短暂休息、购物、联系各种服务设施、等候亲友、会面、接送等；三是公共交通、出租、团体用车、行李车和非机动车等车辆的停放和运行；四是布置各种服务设施建筑，如厕所、邮电局、餐饮、小卖部等。

火车站、长途汽车站、飞机场和客运码头前广场是城市的"大门"，也是旅客集散和室外候车、休憩的场所。广场绿化布置除了适应人流、车流集散的要求外，要创造开朗明快、洁净舒适的环境，并应体现所在城市的风格特点和广场周围的环境，使之各具特色。植物选择要突出地方特色，沿广场周边种植高大乔木，起到很好的遮阴、减噪作用。在广场内设置封闭式绿地，种植草坪或布置花坛，起到交通岛的作用和装饰广场的作用。

广场绿化包括集中绿地和分散种植。集中成片绿地占比不宜小于广场总面积的 10 %，民航机场前、码头前广场集中成片绿地占比宜在 10 %～15 %，风景旅游城市或南方炎热地区，人们喜欢在室外活动和休息，因此南方城市广场绿地面积应更大，如南京、桂林火车站前广场集中绿地达 16 %。绿化应按其使用功能进行合理布置，一般沿周边种植高大乔木，起到遮阴、减噪的作用。供休息用的绿地不宜设在被车流包围或主要人流穿越的地方。面积较小的绿地通常采用封闭式或半封闭式形式，草坪、花坛四周围设置栏杆，以免人流践踏；面积较大的绿地可采用开放式布置，安排铺装小广场和园路，设置园灯、坐凳，种植乔木，配置花灌木、绿篱、花坛等，供人们进入休息。步行场地和通道种植乔木。树池加格栅，并保持地面平整，使人们行走安全，保持地面清洁、不影响树木生长。

如湖南省湘潭市的韶山火车站站前广场的绿化，注意和周围的自然山林相结合，并与对面山坡上的毛主席青年时代塑像融为一体，较好地体现了空间环境组合；又如桂林市火车站，站前广场除布设了足够的停车场地外，还根据城市特点设置一片人工湖，使广场和贵宾室之间有所隔离，广场显得开阔、优美、接近自然。

2．文化公共建筑物前广场

影剧院、体育馆等公共建筑物前的广场的绿化除了起到陪衬、隔离、遮阴的作用外，还要符合人流集散规律，采取基础栽植方式，布置树丛、花坛、草坪、水池喷泉、雕塑和建筑小品等，丰富城市景观。主体建筑前不宜栽植高大乔木，避免遮挡建筑物立面。

例如，邯郸市博物馆广场位于市中心中华大街东侧，与市政府、市宾馆相对。中心为椭圆形喷水池，长轴 35 m，短轴 20 m。两侧为 8 个花池，面积共 2 760 m²。绿化布局为规则式，花池中间成片种植月季，四周为 3 m 宽的草坪，草坪间点缀黄杨球，月季和草坪间用圆柏篱分隔。广场前两个大花坛种植冷季型草坪，中心栽植一组紫叶小檗球。博物馆以雪松、油松和绿篱作为陪衬，广场四周种植法国梧桐、毛白杨，形成夏日遮阴带及分隔空间绿化带，节假日摆设花坛。

（三）纪念性广场

纪念性广场以城市历史文化遗址、纪念性建筑为主体，或在广场上设置突出的纪念物，如纪念碑、纪念塔、人物雕塑等，其主要目的是供人瞻仰。这类广场宜保持幽静的环境，禁止车流在广场内穿越。结合地形布置绿化与瞻仰活动的铺装广场，广场的建筑布局和环境设计要求精致。绿化布置多采用封闭式与开放式相结合的手法，利用绿化衬托主体纪念物，创造与纪念物相对应的环境气氛。绿化布局以规则式为主，植物多以色彩浓重、树姿潇洒、古雅的常绿树作为背景，前景配置形态优美、色彩丰富的花卉及草坪、绿篱、花坛、喷水池等，形成庄严、肃穆的环境。

（四）交通广场

交通广场是指有数条交通干道的较大型的交叉口广场，包括大型的环形交叉、立体交叉和桥头广场等，其中，桥头广场是城市桥梁两端的道路与滨河路相交所形成的交叉口广场，设计时除保证交通、安全的要求外，还应注意展示桥梁的造型风貌。交通广场的主要功能是组织和疏导交通，应在广场周围布置绿化隔离带，保证车辆、行人顺利和安全地通行。

交通广场绿化主要为了疏导车辆和人流有秩序地通过和装饰街景。种植的树木不可妨碍驾驶员的视线，以矮生植物和花卉为主。面积不大的广场布置方式是以草坪、花坛为主的封闭式布置，树形整齐、四季常青，在冬季也有较好的绿化效果；面积较大的广场外围用绿篱、灌木、树丛等围合，中心地带可布置花坛、设座椅，创立安静、卫生、舒适的环境，供过往行人短暂休息。

（五）商业广场

商业广场是指专供商业贸易的建筑、商亭，供居民购物、进行集市贸易活动的广场。随着城市主要商业区和商业街的大型化、综合化和步行化的发展，商业区广场的作用越来越重要。人们在长时间的购物后，往往希望能在喧嚣的闹市中找一处相对安静的场所稍作休息。因此，商业广场这一公共开放空间要具备广场和绿地的双重特征。广场要有明确的界限，形成明确而完整的广场空间，广场内要有一定范围的私密空间，以取得环境的安谧和心理上的安全感。广场还要与城市交通系统、城市绿化系统相结合，并与城市建设、商业开发相协调，调节广场所在地区的建筑容积率，保证城市环境质量，美化城市街景。

第三节　城市停车场生态绿地设计

停车场是指城市中集中停放车辆的露天场所。按车辆性质可分为机动车和非机动车停车场；按使用对象可分为专用和公用停车场；按设置地点可分为路外和路上停车场。城市公共停车场是指在道路外独立地段为社会机动车和自行车设置的露天场地。

一、机动车停车场的生态规划设计

（一）机动车停车场设计要点

机动车停车场的设置应符合城市规划布局和交通组织管理的要求，合理分布、便于存放。机动车停车场出入口的位置应避开主干道和道路交叉口，出口和入口应分开，若合用时，其进出通道宽度应不小于车道线的宽度，出入口应有良好的通视条件，必须有停车线、限速等各种标志和夜间显示装置。停车场内采用单向行驶路线，避免交叉。机动车停车场还应考虑绿化、排水和照明等其他设施，特别是绿化，绿化不仅可以美化周围环境，而且对保护车辆有益。

第一，市内机动车公共停车场须设置在车站、码头、机场、大型旅馆、商店、体育场、影剧院、展览馆、图书馆、医院、旅游场所、商业街等公共建筑附近，其服务半径为 100～300 m。停车场总面积除应满足停车需要外，还要包括绿化及附属设施等所需的面积（停车场用地估算应包括绿化及出入口连接通道和附属设施等。小汽车 30～50 用地规格为平方米 / 辆，大型车辆用地规格为 70～100 平方米 / 辆）。

第二，机动车停车场应与医院、图书馆等需要安静的环境，保持足够距离。

第三，公共停车场用地面积均按小汽车的停车位数估算，一般按每停车位 25～30 m² 计算。具体换算系数为：微型汽车 0.7，小型汽车 1.0，中型汽车 2.0，大型汽车 2.5，铰型汽车 3.5，三轮摩托 0.7。

第四，公共停车场的停车位大于 50 个时，出入口数不得少于两个；停车位大于 500 个时，出入口数不得小于三个。出入口之间的距离须大于 15 m，出入口宽度不小于 7 m。出入口距人行天桥、地道和桥梁应大于 50 m。

（二）机动车停车场的绿地设计

停车场绿化不仅能改善车辆停放环境、减少车辆暴晒、改善停车场的生态环境和小气候，还可以美化城市市容。机动车停车场的绿化可分为周边式绿化停车场、树林式绿化停车场、建筑物前广场兼停车场三类。

1. 周边式绿化停车场

周边式绿化停车场是面积不大，而且车辆停放时间不长的停车场。种植设计可以和行道树结合，沿停车场四周种植落叶乔木、常绿乔木、花灌木等，用绿篱或栏杆围合，场地内地面全部铺装。场地周边有绿化带，界限清楚、便于管理，对防尘、减弱噪声有一定作用；但场地内没有树木遮阴，夏季烈日暴晒对车辆损伤大。

2. 树林式绿化停车场

树林式绿化停车场面积较大，场地内种植成行、成列的落叶乔木。由于场内有绿化带，形成浓荫，夏季气温比道路上低，适宜人和车停留，树林式绿化停车场还可兼作一般绿地，不停车时人们可进入休息。

3. 建筑物前广场兼停车场

建筑物前广场兼停车场包括基础绿地、前庭绿地和部分行道树。利用建筑物前广场停放车辆，在广场边缘种植常绿树、乔木、绿篱、灌木、花带、草坪等，还可和行道树绿带结合在一起，既美化街景、衬托建筑物，又方便驾驶员及过往行人休息，但汽车起动噪声和排放气体对周围环境有污染。建筑物前广场兼停车场将广场的一部分用绿篱或栏杆围起来，有固定出入口、有专人管理，辟为专用停车场。此外，应充分利用广场内边角空地进行绿化，增加绿量。如北京人民大会堂，把车辆成行地停放在建筑物四周绿地与人行道之间，绿地既将建筑物围绕起来，又解决了 500 辆汽车的进出、停放和暴晒问题。

停车场内绿地的主要功能是防止暴晒、保护车辆，净化空气、减少污染。绿地应有利于汽车集散、人车分隔、保证安全，且应不影响夜间照明和良好的视线。绿地布置可利用双排背对车位的尾距间隔种植干直、冠大、叶茂的乔木。树木分枝点的高度应满足车辆净高要求，停车位最小净高：微型和小型汽车为 2.5 m，大型、中型客车为 3.5 m，载货汽车为 4.5 m。

绿化带有条形、方形和圆形三种形式：条形绿化带宽度为 1.5～2.0 m，方形树池边长为 1.5～2.0 m，圆形树池直径为 1.5～2.0 m。树木株距应满足车位、通道、转弯、回车半径的要求，一般为 5～6 m，在树间可安排灯柱。

由于停车场地大面积铺装，地面反射光强、缺水及汽车排放的废气等不利于树木生长，应选择抗性强的树种，并应适当加高树池（带）的高度，增设保护设施，以免汽车撞伤树木或汽车漏油流入土中，影响树木生长。

在停车场与道路之间设置绿化带，可以和行道树结合，种植落叶乔木、灌木、绿篱等，起到隔离作用，以减少对周围环境的污染，并有遮阴的作用。

二、自行车停车场的生态规划设计

自行车停车场应结合道路、广场和公共建筑布置，并合理安排、划定专门用地。一般为露天设置，也可加盖雨棚。自行车停车场出入口不应少于两个，出入口宽度应满足两辆车同时推行进出，一般出入口宽度为 2.5 ～ 3.5 m。场内停车区应分组安排，每组长度以 15 ～ 20 m 为宜。自行车停车场应充分利用树荫遮阳防晒，庇荫乔木枝下净高应大于 2.2 m。地面尽可能铺装，减少泥沙、灰尘等污染环境。如北京市利用立交桥下涵洞开辟自行车停车场，既解决了自行车防晒避雨问题，又部分缓解人行道拥挤，很受市民欢迎。

第五章　城市公园景观生态可持续设计

第一节　城市生态公园近自然设计

自然是人类的发源地，德国林学家盖耶尔（Gayer）提出的近自然林业理论的核心思想就是"尊重自然，回归自然"。这一思想值得借鉴到城市生态公园的近自然设计研究中，指导人们在遵循自然环境与现状条件的基础上，以生态学、景观生态学等为基础，通过科学的方法协调人与自然，对植物、水体、硬质及照明景观提出基于多功能近自然生态系统的可行性方案。

一、城市生态公园近自然设计的提出

（一）观念有待转变

在城市生态公园的近自然设计理念发展过程中，以人类中心主义的哲学思想作为城市公园规划和设计思想的思维方式由来已久，以人的需求为主要目的、看重利益的回报、以人类体验为主的设计思想已不能满足现在城市生态公园的发展需求。在生态文明的大背景下，应该把人类纳入自然系统中的一部分，从而考虑城市生态公园与城市之间的近自然设计与传统设计之间的关系，摆脱原有的人本主义思想，从自然的角度重新出发，思考自然的本真，把人类融入自然，而不是把自然强加给人类，以一种全新的生态价值观重新思考城市生态公园的近自然规划与设计。

（二）过分追求形式美

现代城市公园发展以来，我国园林发展不断受西方园林风格冲击，崇洋思想悄然而生，欧洲规则式园林的造型树木、树阵及大尺度规则式硬质铺装在不同程度上改变了一些城市生态公园的风格与设计思想。城市生态公园的近自然设计的表面形式要符合艺术美学，但不能仅看重美学感受，更重要的是它还是一门科学。如何把城市生态公园内部的生态系统结构与功能性相协调，不违背自然原则，而是适应自然关系，创造机理自然与感受自然并重的城市生活空间。

（三）盲目引进外来物种

由于个人喜好与基地调查的差距，设计人员在进行植物设计时会存在盲目引进外来物种的行为，没有充分验证就盲目地引进外来物种会引发当地生态系统的不稳定，这对当地的生态平衡甚至是生态安全造成巨大的威胁。

提前考虑不同物种入侵的可能性，不要等到发生了才开始治理，否则只会得不偿失。此外，可以充分挖掘地域性植物的特色，营造本土的近自然复层植物群落，群落稳定性越好，抵御物种入侵的能力越强，并从中获取灵感，设计创新可以使城市生态公园的近自然设计独具特色、独一无二。

（四）草坪面积偏大

目前，城市公园建设受西方园林影响，大面积草坪的运用频次有增多的倾向。草坪在前期设计与种植过程中与复层植物群落相比，其人力或资金投入相对较少。但是对于北方地区来说，气候比较干燥，夏季日照光线强，而草坪根浅，存水少，因此用水量很大，而且不成荫，需要勤修剪，人工管理费用高，生态效益差，也不利于生物多样性的发展。所以对于中国这样水资源缺乏的国家来说，对城市生态公园这种注重生态效益类型的公园，应该避免大面积使用草坪。

（五）植物配置不科学

植物的配置在充分考虑地带性物种的同时，要从水平和垂直两个方向上分别考虑。在水平方向看来，植物间距是一个主要考虑的因素，设计师在设计时要充分考虑植物生长各个时期的尺寸感知，避免植物种植空间过密；从垂直方向看来，主要考虑的是乔、灌、草、藤的植物群落复层结构，充分考虑植物的喜阴喜阳、湿生旱生及根深根浅等生态习性的综合影响。现在的城市生态公园设计没有以科学的方法进行植物的配置，而主要以主观审美随意地进行植物景观设计，缺少科学依据，且缺乏生态效益。

（六）设计脱离自然

城市生态公园近自然设计所提倡的是人与自然之间的相互依赖、和谐共处，然而现在的城市生态公园往往从公园的使用功能性出发，着重考虑形式美感，人力管控投入与人为痕迹过重。所以在城市生态公园近自然设计过程中，对植物、水体、硬质、照明景观的设计都要考虑自然的特性与生态格局的联系，不仅外观感受近自然，设计机理也要近自然。

二、目的与意义

（一）研究目的

通过对近自然景观设计有关概念的界定及对国内外相关案例的分析研究，归纳、总结近自然理念，在国内外城市生态公园中的先进做法和技术手段；挖掘自然资源及人文社会历史资源，加深城市生态公园的地域特色表达，避免众多生态公园建设出现趋同现象。

遵循城市生态公园近自然设计的理念，在恢复自然景观风貌的同时，保护场地及城市的生态平衡；建立近自然植物群落合理的时间、空间、物质循环结构与层次，为人们提供一个和谐共生的良性生态循环的近自然植物景观环境。

将主动设计途径、宫胁造林法等方法应用于植物、水体、硬质、照明景观等各个要素设计中。在提升城市生态公园的生态效益的同时，尽量减少人工干预和人为痕迹，以最小的投入获得最大的生态收益，加强生态公园自身系统与城市生态系统的联系。

（二）研究意义

通过营造以地带性树种为主，乔、灌、花、草、藤相结合的近自然植物群落复层结构，实现植物群落的自我更新和演替，对提升生态公园生物多样性、促进城市生态系统的可持续发展具有重要意义。

提出挖掘出自然地域特征与社会人文环境内涵的方法，能够丰富城市生态公园建设的文化内涵和休闲娱乐等使用功能，同时也提升了城市生态公园的地方文化属性和绿地景观的特色。

科学地运用宫胁造林法和主动设计途径，在丰富城市生态公园近自然设计理论的同时，还能够促进自然生境的恢复，逐步提高公园生态系统的原动力；避免过多的人为干预与养护投入，节约物质空间资源，为今后的城市生态公园建设提供参考。

三、城市生态公园近自然设计的相关基础研究

（一）城市生态公园概述

1. 城市生态公园的概念

根据我国公园分类系统，城市生态公园作为与基干公园、专类公园并列的一类公园，可由其他公园类型转化而来，是城市公园的新兴类型。城市生态公园可以看成城市公园发展的一个较高标准，其形式多样，标准也是开放的，原有其他类型的公园可以通过营建逐步达到更高的生态标准，成为城市生态公园。

城市生态公园是为了应对生态环境的变化而发展的一种新兴类型，其概念可以从"城市的""生态的""公园的"三个方面界定。首先，"城市的"是指城市生态公园处于人口密集、用地紧张的城市而不是郊区，它代表的是自然地理空间与社会属性；其次，"生态的"是指针对宏观、中观、微观三个层面分别对应全球生态系统、城市生态系统、公园生态系统，角度虽有不同，但对应的都是构建过程中所遵循的生态原则、自然规律，以及包括人在内的生物个体之间的良性互动；最后，"公园的"是指其本质还是公园，是城市公共绿地的一种类型。

2.城市生态公园的内涵及特点

城市生态公园是随着人对自然理解的加深而新兴的城市公园类型，它从整体性、多样性及其过程三个方面可以加深对城市生态公园的内涵与特点的理解。

首先，现代生态哲学的发展对人与自然的关系有了更加客观的理解。人类只是整个生态系统的一部分，人类生存在自然之中。城市生态公园本身的生态系统既不孤立，也不封闭，是具有开放性的。它的物质、能量与信息可以与整个城市、区域，甚至全球的生态系统相互循环流动，它的整体性针对整个生态系统的平衡与发展，符合新时代生态环境全球一体化的现实。

其次，城市本身包含地域性，项目基址受自然环境和社会条件双重影响，城市生态公园会产生差异性；而城市生态公园包含的多样性含义丰富，包括生物、景观、文化及功能等层次丰富的多样内涵。此外，城市生态公园的内涵特性与目标都是一致的，但具体形式是丰富多彩的。

最后，城市生态公园包含复杂多样的生物与生物环境，人与生物群落的演替过程之间存在的互动，是一种长期的、动态的发展过程。而这个过程也是城市生态公园保护和改善生态系统的途径与方法，从公园营建立初到发挥应有的生态效益也是一个长期的过程。此外，从社会发展的角度来看，城市生态公园从出现之初到现在，它的设计理念也不是一成不变的，而是不断改善与发展的过程。

3.城市生态公园的分类

（1）保护型

主要指公园基地原始的自然环境与良好的生态系统没有遭到破坏，具有比较重要的生态意义，即通过研究原有的资源，保护和利用原有的自然生态环境来实现生态效益的一类城市生态公园。如深圳市莲花山生态公园、深圳市红树林海滨生态公园和成都大熊猫生态园等，都是为了强化本身良好的自然生态系统而建设的，不仅改善了城市环境，而且保护了生物多样性。

（2）修复型

主要指原始的基地自然状态已遭破坏或污染，必须通过生态技术手段系统地修复或整治使其重新恢复原有自然生态系统、实现其生态效益的一类城市生态公园。如美国西雅图煤气公园、英国伦敦坎姆雷大街自然公园、我国中山市岐江公园等，城市生态公园的建成极大地改善了当地受损的自然生态环境。

（3）改善型

这种类型的公园比较常见，主要指原有自然生态环境没有遭到严重的污染或者破坏，不存在需要特别保护的自然生态环境，通过营建独具地域性、多样性、自我更新演替能力的多层次生态系统来改善生境的一类城市生态公园。如昆山市城市生态森林公园、上海市延中绿地等。

（4）综合型

现实状况中，基地的各种条件都比较复杂，可能综合以上情况，采取综合考量实施营建手段，实现多样化功能的一类城市生态公园。如墨西哥霍奇米尔科生态公园和澳大利亚莱斯摩尔亚热带雨林植物园等，场地区域的功能丰富而多样。

（二）近自然设计的概念

近自然设计是指在尊重原有的现状和自然环境下，顺应且适应自然的法规，并以新时代的哲学理念思考人与自然的关系，把人作为自然的一部分来看待，注重人与自然的交流和互动；创新设计方法，模拟接近自然状态的规划设计，争取以最小的人力投入与人为管控来达到最大的生态效益和自然感受，促进人与自然之间的生态平衡关系；充分考虑动植物之间的生存空间与和谐共生的关系，以及物质能量的循环利用，恢复自然环境更新演替的原动力，使人在自然感受中寓教于乐并融合、改善不同层面的生态系统。

（三）城市生态公园近自然设计的含义

城市生态公园近自然设计以可持续发展理论为基础，构建动植物自我更新演替的动植物生境是一个长期、复杂的过程。其考虑的不仅是公园内部的结构和功能营建，还有与自然的良性交流互动，以及促进不同层面生态系统的稳定性。在设计理念上强调对原有的自然环境、自然条件与自然资源的考察与利用，并且注重物质能量的节约与循环利用，以自然之力重塑自然；在营建过程中应该避免使用不可再生材料与能源，而且针对场地现状分段、分期、分区域进行，避免对原生环境干扰，尤其在植物的种植过程中，应充分考虑其生长习性与不同时期的生长状态；在后期的养护管理过程中，要尊重自然的生物进化、优胜劣汰的规律，提倡通过自然方式筛选优势种，同时为生物提供足够的生存空间，以较少的人工管理与投入促进自我演替更新的自然原生力。

因此，在城市生态公园近自然设计的过程中，加深对近自然设计与传统设计方法的理解，充分地协调园内及周边各种物质能量与自然资源的循环流动，有利于生物多样性及不同层面生态系统的稳定性。

（四）城市生态公园近自然设计的相关概念

1. 景观生态学

景观生态学属于生态学的范畴，是景观设计应该遵循的科学理论基础，注重其整体与系统的联系与完善。它包含了景观结构和功能、生物多样性、物种流动、养分再分配、景观稳定性等基本原理，在指导人们进行城市生态公园的近自然设计中，可以更好地为人们在空间格局划分、生态演变过程及尺度考量等方面给生态格局规划设计提供借鉴。

2. 生态伦理学

生态伦理学是一门新兴的应用伦理学，主要基于生态学、环境科学来研究人与自然的关系。它摒弃原有征服、控制、掠夺自然等以人为主的陈旧观念，把实现"人—自然"系统的和谐共生作为最高的价值理念与追求目标，提出人对自然的道德责任的要求，主张尊重与爱护自然、生命；转变协调人类同自然界相处的行为方式，以保护和改善自然生态环境为目的，促进生态系统的平衡与稳定；通过可持续的方式整合自然资源，节约环境成本，是适应新世纪环境革命所需要的新兴生态战略发展支撑。

（五）城市生态公园近自然设计的相关理论

1. 海绵城市理论

人们已经认识到战胜自然、超越自然与改造自然的城市建设模式会对城市造成生态危机的潜在威胁。海绵城市所倡导的人与自然和谐共生的低影响开发模式，又被称为低影响设计或低影响开放。构建海绵城市要以合理、自然、科学的理论为依据，避免人类对自然的影响，实现水资源循环，增强城市对降水等各种水资源的吸引与排放能力，改善城市水生态系统的稳定与安全。因此，海绵城市理论对城市生态公园的近自然设计理论的指导意义不容忽视，是城市水资源循环再利用、恢复自然原生力量，以及保护原有的水生态环境的科学借鉴与实践应用。

2. 近自然林业理论

1898 年，德国林学家约翰·卡尔·盖耶尔（Johann Karl Gaye）对残存的自然林进行研究后指出，森林的营造应回归自然，遵从自然法则，充分利用生态系统的自然力，使地域性树种达到目标值，以提高生态效益和自然效应，使林业在经营的过程中接近潜在的天然林分的生长发育，使林分生长也能够接近的自然生态环境的状态，促进林分的动态平衡与系统稳定，并在人工辅助下维持林分健康生长，并由此提出近自然林业理论。近自然林业理论注重近自然复层森林结构和自我更新演替的能力，而此理论影响的近自然河流整治及对其他国家的近自然景观设计研究提供了重要的科学借鉴。

（六）城市生态公园近自然设计的相关方法

1. 宫胁造林法

宫胁造林法是日本横滨国立大学教授宫胁宫胁昭（Akira Miyawaki）在潜自然植被和新演替理论的基础上提出的，是一种环境保护林营建的方法。潜自然植被和新演替理论是既有区别又有联系的两个概念，相同之处在于都遵循自然的规律，而且目标都是形成能够达到演替的顶级结构，而区别在于它们的方式有所不同。潜自然植被理论认为，在适合的条件下，没有人为干预能达到现有的自然地理环境存在的潜自然演替能力；而新演替理论则认为通过特定的人为投入可以缩短时间长度并达到自我更新演替能力。

宫胁造林法对近自然景观规划设计的科学指导主要表现在植物物种的选择和栽植过程，以及对植物群落营建的方式。其中，节约资源与投入以达到更好的生态效益的观念与近自然理念相互契合。同时，在近自然理念的实际运用过程中，应当针对特定的地域与自然环境，科学考量人为干预管控与投入的尺度来达到近自然生态系统更新的目的。

2. 主动设计途径

英国森林体系的经营过程中，主动设计途径（the proactive design approach，PDA）是作为美学理论基础的主要规划设计手段，以三个主要方面作为设计原则层次架构：第一方面包括点、线、面、体的基本元素；第二方面包括数量、形状、尺寸、颜色、位置、方向、间隔、密度、时间、视觉力等方面，对应基本要素的变量；第三方面是应对整体视觉效果的组织，包括结构要素、空间暗示、秩序、目标等四个方面，而每个方面也有不同的方向。景观视觉格局可以用基本要素、变量和组织三者所形成的语言来描述。PDA与中国传统美学有相通之处，都讲究"势"的作用，但中国传统美学重意轻形，而PDA则属于形式层次上的设计语言。

城市生态公园的近自然设计可以在设计实际实践过程与视觉美学感受质量等方面借鉴PDA，因为近自然景观设计不仅要在设计机理内涵方面，而且在全方位视觉设计效果方面接近自然，比如：避免应用造型树木、注重场所和立地条件的保留利用、注重景观单元的节奏与空间等的灵活处理。此外，要形意并重，发扬古典园林意境表达的精髓。

四、城市生态公园近自然设计原则

（一）自然保护生态优先原则

城市生态公园近自然景观设计的核心就是以自然为本，回归天然风貌。因此，场地中的自然景观要集中保护起来，并且使自然景观尽可能发挥更大效用，促进人与自然共生。此外，植物、水体、硬质、照明景观从设计理念到表达形式都要达到近自然的效益和感受，还要注意近自然景观与自然式景观的不同，后者是中国古典园林的主要形式之一，强调景观意境的表达和观赏；前者是一种接近、模拟自然的设计理念，注重生态效益。

自然保护生态优先原则强调生态系统组合的合理性，以生态节能为原则，在时间、空间上与周围环境形成和谐共生的有机体，创造与自然接近的景观效果，最大限度地改善生态环境，维护整个生态系统的平衡与安全。以节约型园林作为城市生态公园近自然景观设计的重要指导思想，将资源的合理和循环利用原则综合运用到前期勘查、规划设计、施工、养护等方面，最大限度地节约物质材料，提高资源的利用率，促进资源、能量的循环利用，减少能源消耗以获得社会效益、环境效益、生态效益与自然效应最大化。

（二）因地制宜原则

"因地制宜"中的"地"包含了众多因素，如气候、地形地貌、水文土壤、乡土动植物、施工原材料、建筑结构特色、历史人文、社会环境等。其中，地域性顶级动植物演替群落结构是长期自然选择的结果，本地环境的适应性强。充分挖掘这些资源也是前期必须要做的准备工作，并且融入到设计的方方面面。

在城市生态公园的近自然规划设计中，每个场地项目都具有不同的区域文化、自然背景。一方面，如果能充分利用并创造独具魅力的地域性景观，就可以展现地方性特色，同时也节约了人力与造价成本；另一方面，地域本身的动植物资源、建筑文化元素、历史人文特色都是可以利用的，并且是创造独特设计的基础，这也避免了现在的规划设计方案趋于雷同的现象。

所以，遵循"因地制宜"的原则，就是要选用当地具有本土特色的景观，包括植物、动物、建筑材料等。在植物景观营造方面，综合考虑当地地形地貌、气候土壤，要求对当地自然风貌与环境的影响达到最小，避免物种入侵。此外，注意四季景观的变化，注重地域性景观营造，将城市人文、民俗、历史等因素加入城市生态公园规划设计中，体现城市特色和文化。

（三）节约与可持续原则

城市生态公园的场地现状包括各种因素，而气候、土壤、地形、水文等各种条件都要作为考虑的对象，只有充分考虑到这些自然条件，才能顺应自然规律的变化。此外，在设计过程中要充分运用乡土动植物资源、本地建筑铺装石材等易获得的材料，避免人力管控投入过大，使场地内的相关资源能够相互良性作用，为彼此提供活动空间、生存条件，互惠共生。

节约包括对资源和资金投入两方面的节约和高效利用，如在水节约与循环利用方面，利用绿地、雨水花园、透水铺装、地面径流、建筑排水引流、施工工艺等创意设计方式收集雨水；在水体净化方面利用营造的动植物群落生境、自然砾石层等公园设计景观结构过滤降水，既可以净化收集的雨水，又可以重新将水资源运用到公园绿化生态用水和周边水系中。

城市生态公园的近自然设计应该减少场地过度设计，节约原料本身及运输成本，回收废旧材料，保留与利用原有自然资源；运用设计的创新思维，改造与建设可持续的循环利用系统可以减少人力与资金投入，也可降低人为干预。

（四）人为干预最小化原则

城市生态公园的"近自然设计"所表达的核心思想是在减少人为投入与管控干预的前提下，发挥更显著的生态效益和自然效应。在城市生态公园建造初期，植物种植、土方平衡、硬质景观施工建造等免不了人力投入管控和人为干扰，但可以在过程中分期、分段、分区域进行，使人为干预最小化，保持公园原有生态系统和自然环境；在后期植物养护过程中，应该减少干预甚至逐渐不管理，使植物群落遵循优胜劣汰的自然法则，自主筛选优势物种，逐渐利用自然原生力量更新演替，融入整个生态系统，最大化发挥生态效益，使景观近自然化。同时，要事先运用科学的方法分析人为因素对公园建设各个阶段的影响，充分考虑天气因素，做到提前计划周详，积极应对突发状况。

此外，城市生态公园应遵循生态学的原理，生态效益良好，但是人为的痕迹较重，它强调的是全过程的调控与管理，投入比重大，加入近自然景观设计的思想就可以很好地改良这一点。在设计中，要注重各种资源的近自然循环利用，以较少的人为管控达到各种资源可持续发展，使人类的作用不着痕迹地融入自然，使人工建设调控逐步向自然演替过渡，循环利用节约能源，减少额外负担。

（五）生物多样性原则

微观层面上，生物多样性表现在生物遗传基因，宏观层面上则表现在生物物种和生态系统。城市生态公园的近自然设计应结合这两个层面综合考虑，尊重场地原有植物群落与动物生境，保持地域性特色与原有现状；保护、恢复、改造、营建生物多样性高的动植物群落生境，广泛应用乡土动植物，植物设计方面借鉴宫胁造林法，通过对本土植物和优势树种的考察，模拟区域顶级群落结构，营造乔灌草复层结构，层次错落自然，避免大面积的草坪这种物种单一的群落结构；动物群体注重食物链的培养，只有这样抵御物种入侵的能力才会越大，生态系统抗逆性强也越稳定。此外，要保护和恢复城市绿地中原有淡水、湿地、河流等的生态系统平衡，在前期勘查与后期施工过程中都应避免干扰原有生态系统。

城市生态公园的近自然植物设计往往赋予了更多恢复自然演替的目的，所以，近自然手法是营造植物景观多样性、区域物种多样性，甚至生态系统的多样性探究的新途径。

（六）开放性原则

城市中的人们早已厌倦了被钢筋水泥禁锢的喧嚣的城市环境，向往大自然的清风、丛林、绿水，我国城市公园也迅速发展起来。目前我国绿地生态效益和使用率较低，此外，国家针对现在城市建设的问题明确提出了意见，指出中国未来城市规划建设的发展方向，提出为促进土地节约利用而实行住宅小区开放，并且城市绿色空间免费开放，使居民能够方便地亲近绿地。

以上所有基本设计原则通过影响感知，在很大程度上影响了设计结果的优劣。这六项原则的主要目的是要人们尊重原有场地，注重乡土性、地域性景观保留与深化，通过美学的艺术形式表达内涵丰富的近自然特征景观，使生态与美感达到一种相互促进的平衡状态。

五、城市生态公园景观要素近自然设计

（一）植物景观近自然设计

在城市生态公园中，每个生态系统都需要完整才能实现功能的全面与完善，进而才能使小范围系统与地球总体生态系统融合。一个自然平衡的生态系统免不了有由多样性植物构成的生存环境，相同的，若植物群落能健康稳定地繁衍生息，也间接证明了这样的生态系统是有活力、接近自然演替的。一般来说，对植物群落的选择在以环境保护与修复为主要目的的城市生态公园更应谨慎小心。

城市生态公园的近自然植物景观设计最主要的是尊重自然平衡，避免出现违反自然、违反初衷的行为。以减少人工干预为目标，遵循植物的自然生长形态。修剪植物耗费了大量的人力物力在人为美学上，而近自然植物设计不需要这样的异形植物形态，以遵循少人工干预原则。同时依照宫胁造林法的植物选择与栽植方法，不管陆生植物与水生植物方面都要选取乡土植物，不要为了所谓的美化、创意、造型等人类意愿而造成生态系统的不稳定，否则会得不偿失。乡土植物种类因为得到了自然长期的考验，往往有较强的适应性、抗逆性及抗病虫害能力，易于养护管理，在自然条件下可以更快地繁衍成林，且生态效益更佳。采用复层种植模式，以当地优势种建群，提高植物群落的多样性，另外，注重营造植物景观的近自然观赏性。城市生态公园不仅具有生态恢复的特性，也是供游客观赏、游憩、运动休闲的地方。以满足自然生态系统的功能完善性和植物本土适应性为基础，在植物配置上要运用美学原理，将自然的美通过人类的设计以植物群落为载体充分地展现出来。

（二）水体景观近自然设计

城市生态公园水体景观的近自然设计主要关乎三个方面：水体的形态、水循环利用、驳岸的设置。首先，遵循近自然设计原则，在城市生态公园规划设计中，水体形态要根据场地原始自然环境而变化，不能为了水景而开挖土方，而是要随着地形和周围水文状况而确定水体形态；其次，水景不仅要满足城市生态公园游人观赏、亲水的需要，也要形成一个降水收集、降水净水、降水利用的循环系统，以减少城市生态公园人力管控的投入；最后，在驳岸的设置中，要充分考虑陆生植物、湿生植物、动物的交流，不要轻易用水泥混凝土式规则驳岸，阻隔物质能量信息交流。

（三）硬质景观近自然设计

硬质景观是针对软质景观提出的，是以人工材料营建而成的一类景观，以道路、铺装、建筑小品等为主。这类景观的人工痕迹严重，看似难以成为近自然景观，但是如果稍加改造并加以创意设计，会使游人的近自然体验升级，并与植物、水体等软质景观融为一体。

在城市生态公园中，道路与场地的铺装应遵循避免人为痕迹过重的原则，在保证游人基本观景、游览功能完善的前提下，注重与植物、水体空间的相互交流；园路近自然设计要借用原有地形的纵坡、横坡设置蜿蜒曲折的园路，在尊重场地原有地形的变化前提下，保证游人体验自然、亲近自然的游览功能。

（四）照明景观近自然设计

照明是人类的伟大发明，改善了人们的生活，但城市生态公园照明景观的人为痕迹较为严重，如何让景观照明变为一种近自然景观是需要关注的问题。首先，照明景观的外观造型应该与周围环境相协调，以功能性为主要导向，外观设计应注意照明的藏幽处理；其次，节约能源是可持续生态建设的核心理论之一，尤其是北方地区夜晚时间长，夜景照明持续时间长，注意节能灯具的选择，并且注重太阳能的利用。

第二节　城市生态湿地公园景观设计

一、概述

（一）湿地的概述

1. 湿地的定义

地球上有三大生态系统，分别是森林、海洋、湿地。湿地作为地球上一种重要的生态系统，它可以控制水域对陆地的侵蚀，对化学物质具有高效的处理和净化能力，有着强大的生态净化系统，因而被誉为"地球之肾"。到目前为止，由于湿地环境所处的自然条件较为复杂，不论是它的生物群落的兼容性，还是其范围的过渡性，都是较难划分的。国内外许多学者先后从各个学科的角度赋予了湿地不同的含义，目前湿地的定义有 50 种之多。本书在参考大量文献资料的基础上，将其大致分为广义和狭义两种定义。

（1）广义的湿地定义

最具代表性的广义上的湿地，是指天然或人工的、永久或暂时性的沼泽地、湿原、泥炭地和水域（蓄有静止或流水、淡水或咸水，或者混合者的水体），同时也包括水深在低潮时不超过 6 m 的沿海区域、河口三角洲、湖海滩涂、河边洼地或漫滩、水库、池塘、稻田等，这些均属湿地范围。因此，可看出湿地所涵括的范围很广泛，不仅将自然形态的沼泽、滩涂归入其中，同时将池塘、水库、稻田等人工湿地也纳入其中。它并没有一个非常严格的定义，而是列举了许多地质所属范畴，丰富了湿地种类的多样性。

（2）狭义的湿地定义

狭义的湿地定义更为直观统一。湿地是陆地和水系之间的过渡地，其水位通常在土地的表面或接近表面，或浅水掩盖着土地，它至少具有以下一个或几个属性：第一，水生植物占优势；第二，在底层的土壤以不利排水的还原性土壤为主；第三，长期或季节性被水淹没。这一定义趋于理性地表达出湿地范畴，它没有将所谓的人工水体归入其中，给了人们一个很好的衡量湿地的尺度标准。目前，这个定义已被美国湿地科学家广泛接受。

2. 湿地的类型

（1）湖泊湿地

湖泊是指陆地上储存着大量不与海洋发生直接联系的低洼地区，它是湖盆、湖水和水中所含物质所组成的自然综合体。因此，凡是地面上一些排水不良的洼地都可以蓄水而发育成湖泊。在我国，湖泊是遭受破坏最严重的湿地类型，在过去几十年中，中国损失了上百万面积的湖泊湿地。与其他湿地类型相比，湖泊湿地恢复兴建的历史相对较长，位于长江中游的洞庭湖一度是中国最大的淡水湖泊，然而，约有 50 % 的湖区被开垦为农田，并且泥沙淤积，加之人为活动的破坏，造成了严重的生态湿地系统的破坏，调蓄洪水的功能也大大减弱。

（2）河流湿地

我国大多数河流分布在东部气候湿润多雨的季风区，这是受到气候、地形等方面影响的原因。河流湿地主要包括永久性河流、季节性或间歇性河流。根据其形态可以分为平原河流和山地河流两类，平原河流的特点是水流比较平缓，比较容易产生泥沙淤积，河流形态的变化比较多样；山地河流的特点是两岸陡峭，河道深而狭窄，其土壤含量少，以岩石为主。

（3）沼泽湿地

沼泽主要指，地表过湿或有薄层积水，土壤水分几乎达到饱和，并有泥炭堆积，生长着喜湿性和喜水性沼生植物的地段。我国的沼泽主要分布在东北的三江平原、大小兴安岭及海滨、河流沿岸等地。目前，我国沼泽湿地退化主要是由于泥炭的开发和农用地的开垦，从而失去了湿地的生态功能和生物多样性。

（4）滨海湿地

中国的滨海湿地分布在沿海 11 个省区，海域沿岸有 1 500 多条大、中、小河流入海洋，形成浅海滩域生态系统、海岸湿地生态系统、红树林生态系统、珊瑚礁生态系统等多种类型的湿地。多年来，人们盲目围垦和改造滨海湿地，加剧了自然灾害造成的损害。例如，风暴潮每年都使沿海地区损失近百亿人民币。因此，恢复湿地已成为中国沿海地区的当务之急。

（5）人工湿地

中国是一个人工湿地类型丰富、数量较多的国家。主要的人工湿地类型有水稻田、鱼塘、水库等，中国的稻田广布亚热带与热带地区。近年来，北方地区稻田不断发展，但仍以南方稻田为主，淮河以南广大地区的稻田约占全国稻田总面积的90％。人工湿地恢复的主要目标是改善水质、提高生物多样性。

3. 湿地的价值

尽管湿地没有广泛认可的、统一的定义，但对于湿地的作用已达成共识。湿地作为重要的自然资源，不仅具有丰富的陆生和水生动植物资源，有着自然界中最富生物多样性的生态景观，同时还提供着人类生活、生产的多种资源，与人类的生存、发展息息相关。其价值主要包括生态价值、经济价值和社会价值三方面。

（1）湿地的生态价值

①改善城市环境

湿地富有泥炭层和有机的土壤，从而吸收的二氧化碳相对缓慢，起到了固定碳作用，因此城市湿地能调节气候，降低城市二氧化碳排放量，这对全球气候变暖（主要是大量排放二氧化碳）能起到很好的调节作用，从而提高城市环境质量。城市湿地还能充分利用其湿地渗透和蓄水的作用来调节城市水平衡。另外，水生物还能有效地吸收有毒物质，净化水体。

在城市湿地保护利用的研究发展中，除了降低污染物源排放等措施外，加强湿地生境的绿化建设、促进湿地生境的植被恢复成为湿地保护利用的重要生态工程，对生态湿地受损严重的区域进行恢复重建工作，有很高的应用潜力。

②净化污水

被称为"地球之肾"的湿地，具有排毒、解毒的功能。特别是沼泽湿地，它能够帮助水流速度变缓，当有害杂物（生活污水、工业排放物等）流经此处时，流速变缓从而使杂质毒物沉淀和排除。湿地中的动植物还能有效地吸收水中的有毒物质，达到净化水质的作用。

③调节蓄水量和气候

由于许多湿地是处在地势低洼的地带，再加上湿地底层是不利于排水的还原性土壤，使其具有蓄水能力，城市湿地为城市提供了完善的防洪排涝体系，这对防旱有很好的帮助。湿地在蓄水、调节河流、补给地下水和维持区域水平衡中发挥着重要作用，是蓄水防洪的天然"海绵"。我国降水的季节分配不均，通过天然或人工湿地进行调节，可将过多的河水和降雨储存起来，不仅可以避免发生洪涝灾害，也能保证农业生产有稳定的水源供给。另外，湿地中产生的水蒸气可在区域中制造降雨，起到调节区域气候的作用。

④为生物提供良好的生存空间

湿地中的生物物种繁多，它强大的自然生态体系为许多水生动植物提供了优良的生存空间，同时也为许多珍稀动物提供了天然的栖息地。因此，对城市湿地景观的营造将大大提高城市绿地的生物多样性，有美化城市环境的作用。

（2）湿地的社会价值

①景观旅游价值

湿地同样具备旅游观光、休闲娱乐等方面的功能，特别是湿地丰富的水体环境、多样性的水生植物，以及鸟类、鱼类等，带给人自然气息，使人心静神宁。目前，我国开展了越来越多的湿地规划项目，特别是城市湿地公园的建设。在美化城市生态环境的同时，积极开发地域性旅游资源，人们会因宜人的自然风光而前往，创造了经济效益和社会效益。可以说，城市湿地是城市周边最具生态价值和美学价值的生境之一，是城市特色的主要组成部分，也是发展城市旅游业的重要载体。城市湿地与现代化、工业化的都市环境共同构成了和谐美好的城市环境。

②教育科研价值

湿地丰富多样的生物物种，特别是一些濒临灭绝的物种为教育科研提供了很好的素材，在湿地设立相关的实验基地或是科普场所，不仅有利于研究，也可以让人们了解更多的湿地生态知识。

（3）湿地的经济价值

湿地可给当地人和广大社会带来巨大的经济效益，分析湿地经济效益的传统方法是看它的直接使用价值。一方面，湿地具有净化水质、调节蓄水的生态价值，湿地可为城市人类的生活生产用水提供主要来源；另一方面，湿地生态系统的物种丰富，可提供一些鱼、贝类等高蛋白的水生动物产品，以及莲藕等水生植物产品，这些都是人类赖以生存的食品资源。在东南亚的许多国家，湿地是农业生产的主要基础和农户收入的主要来源。在中国，湿地产品包括淡水、稻米、泥炭、水产品等，这些物质对经济发展有很重要的作用。同时，湿地也可提供丰富的矿物资源，因为湿地中含有天然的碱、石膏、盐等工业原料以及硼等稀有元素，这为人类社会的工业发展提供了丰富的资源。

（二）城市湿地概述

1. 城市湿地定义

城市湿地是在20世纪后期提出的一个科学名词，但由于湿地的多样性，城市湿地至今还没有一个明确定义。通过查找资料，专家给出了一个较为简明的含义：城市湿地是分布在城市乡镇地域内的各类湿地。人们常常会将城市湿地与园林水体两个概念相混淆，本书的城市湿地是指城市边缘的河流、沼泽、湖泊、低洼等常年或季节性被水淹没的低洼地；而园林水体是指在园林中的湖泊、河流、水池等水体，且包括一些人工水体。

2. 城市湿地目前的状况

随着人口的增长、世界经济的飞速发展，大片湿地被开发，湿地面积急剧萎缩，加上过度的资源开发和环境污染严重，造成了不可挽回的损失。特别是城市湿地景观，由于盲目开垦、围湖造田等人为因素，对湿地资源产生了严重干扰。此外，在湿地管理体制上也存在着许多问题，由于湿地类型复杂、分布广泛，由各地区分别进行监督管理，而各地区在湿地保护利用和管理方面各自为政，所取利益不同，影响了湿地的有效管理和保护。针对这种湿地日益退化的情况，世界各国都在对保护、恢复湿地生态景观采取各种有效措施，不再单纯地追求经济利益，而是向生态型、可持续发展型城市湿地发展。

城市湿地是整个自然界中湿地体系最为脆弱的一类湿地，它对人类美好生活的建设有贡献，但受城市化的摧残也越来越严重。湿地面积在大幅度下降，湿地物种数量也在急剧减少，生态环境恶化严重，主要原因有以下五点。

（1）非法围垦开发

城市化建设、工业经济的开发是直接导致湿地面积减少的原因之一。随着城市化人口的迅速增长和工业化建设的发展，非法围垦占据越来越多的湿地面积，直接导致城市湿地面积变小，使得湿地的生态效益也受到破坏。

（2）水污染和富营养化

随着城市发展、工业化建设，越来越多的城市工业废水、生活污水和一些化学有害物质被排入河流等城市湿地中，影响了湿地生物多样性的生存，特别是工业产生的废水排入湿地中，可直接导致湿地水生生物死亡，以及一些有毒物质在湿地中产生的营养富集化，使一些生物物种单一化，甚至出现藻类繁殖，从而使整个生态环境受到破坏。

（3）无节制的商业开发

如今，许多开发商盯上了湿地这块宝贝，利用湿地开发生态旅游和居民生活休闲的场所。一些开发商不断地在湖泊周围兴建娱乐场所、宾馆等基建项目，不利于湿地的保护。

（4）盲目引进生物物种

在城市湿地的建设治理过程中盲目引进外来物种会给当地湿地原有生物带来不利影响。一些引进的外来物种对本地物种的多样性生长产生阻碍，甚至会导致本地物种的灭绝。

（5）不合理的利用和规划

城市湿地是城市持续发展的重要生态基础体系，是城市居民能享受大自然生态服务功能的基础。不合理的土地湖泊利用降低了湿地的生态效应，并在以后的城市发展中留下难以抚平的创伤。例如，目前很多城市为了提高环境质量，在城市建设中采取填埋、掩盖湿地，开发人工河道等治理工程，这些不合理的人工化措施只会降低城市湿地的生态价值。例如，把自然植被河岸变成僵硬的水泥护岸，不仅使原生态的物种减少，且水泥地面加速了热岛效应，破坏了当地的生态环境。

3. 城市湿地景观设计原则

（1）生态性保护原则

坚持生态性为主，维持生态平衡，保护湿地区域内的生物多样性及湿地生态结构功能的完整性、自然性。在保护优先的基础上，对湿地进行合理的开发利用，并充分发挥湿地的社会效益。应当正确对待湿地生态保护与开发利用的关系，坚决反对盲目、无序的掠夺式开发利用，保持一个完整良好的湿地生态系统，在此基础上使生态、人文社会、经济和谐发展。

（2）连续性和整体性原则

景观生态学强调维持和恢复景观生态过程及格局的连续性和完整性，这是现代城市生态健康与安全的重要指标。应当将区域的湿地景观与周边环境联系起来，寻求生物多样性的良性循环，确保生物通道的连贯性。另外，城市中的水系廊道是联系城市湿地之间物质、能量和信息交流的主要通道，在城市湿地景观的建设中，充分利用这一水系廊道来保持整个环境的连续性，也是维护城市自然景观生态过程连续性和完整性的主要措施。

（3）维护本土物种多样性原则

应用本土种植物不仅成本低，更重要的是，能很好地维持其区域的自然生态环境，保持地域性的生态平衡；引用外来物种则很有可能不适宜当地环境，甚至造成本土植物在物种的竞争中灭绝，最终破坏了当地自然生态环境。

（4）美学原则

湿地自然生态的环境系统有自然水体、多样的生物，这些都是大自然恩赐的礼物，带给人们视觉、听觉、嗅觉多重感受。人们把这些感受通过古诗词、画卷、文学艺术表达出来，能满足人们的文化需求和精神需求。对人工湿地景观，人们很快会产生视觉审美疲劳，而那些鲜活、变化丰富的自然美景，是人们永远感受不够的。自然之水、自然之境，是城市湿地景观建设不

可缺少的重要原则。

（三）湿地公园概述

1. 湿地公园的定义

近些年来，湿地保护面临着诸多困难，我国对于湿地规划项目越来越重视，开始倡导湿地公园这一概念，借此达到保护湿地生态环境的目的。目前，对于湿地公园的定义还没有一个明确的定论，国内相关部门给出的定义是：湿地公园既不是自然保护区，也不同于一般意义的城市公园，它是集生物多样性、生物栖息地保护、生态旅游景观和生态教育功能于一体的湿地景观区域，体现出"在保护中利用，在利用中求保护"的一个综合体系。湿地公园应该具备以下三个条件。

①保持区域性独特的自然生态系统，并接近原生态自然景象；②能维持区域内各种生物物种的生态平衡及协调发展；③在不破坏原生态湿地系统的基础上建设不同类型的辅助设施。将生态保护、景观旅游、科普教育的功能相结合，突出主题性、自然性和生态性三大特点，集湿地生态保护、生态观光、生态科普教育、湿地研究等功能于一体的生态型主题公园。

2. 湿地公园的基本要素

（1）具有一定规模的典型性湿地景观

湿地公园中的湿地占有一定的规模，如果区域面积过小，就只能算是公园中的某一湿地景观。并且湿地景观要有典型的、独特的自然生态资源。

（2）具有明确的管理范围

湿地公园的管理机构应当对湿地内的资源有合法的管理权力，并有合理完善的管理体系，帮助湿地公园的建设、保护制定有效的措施。

（3）具有完善的旅游观光设施

在保护湿地公园内生态景观的基础上，开展一些人文生态服务功能，为游人提供休闲、娱乐、科学教育等活动，保障人们在湿地公园享受到轻松、愉悦、舒适的环境。特别是要在湿地公园内建立一些生态科普教育的设施，使人们在游玩的同时能获得生态方面的知识，从而提高人们的环保意识。

3. 湿地公园与其他景观区的区别

（1）湿地公园与一般水景公园的区别

湿地公园与一般的水景公园同以水景为主，在人文效益、经济效益上有共通点，但湿地公园其独特的生态系统特征和多样的生物物种与一般的水景公园有着很大区别，具体区别如表7-1所示。

表7-1　湿地公园与一般水景公园的区别

一	湿地公园	一般水景公园
特征	自然、多样性、野趣、健康科学性	美观、整齐、有序、主题性强
群落	接近自然群落，生物多样性最大化	人工群落，以观赏植物群落为主，低生物多样性
资源	节约资源、自然的组织状态和结构	资源投入较大，被组织状态和结构
功能	生态效应、娱乐游憩、自然科普教育	生态效应、娱乐游憩
稳定性	生态健全、抗逆性强、以自我维持为主	生态缺陷、抗逆性低、以人工维持为主
养护管理	生态目标、投入低、管理演替	景观目标、强度管理、投入大、抑制演替

（2）湿地公园与湿地自然保护区的区别

湿地公园与湿地自然保护区的概念虽然很接近，但是它们有着明显的差异。单从字面上理解，湿地自然保护区是为自然保护而设立的区域，它包括典型的自然生态系统区域，是稀有濒危野生物种天然集中分布的区域，也是国家特别授予的特殊保护区域，没有像湿地公园那样设立一些观赏游憩、科普教育的生态功能活动。

二、城市湿地公园的研究与应用

（一）城市湿地公园的定义

对于城市湿地公园的定义，2017年住房和城乡建设部颁布的《城市湿地公园管理办法》（建城〔2017〕222号）对城市湿地公园下了定义："城市湿地公园是在城市规划区范围内，以保护城市湿地资源为目的，兼具科普教育、科学研究、休闲游览等功能的公园绿地。"申请城市湿地公园必须具备以下三个条件。

第一，在城市规划区范围内，符合城市湿地资源保护发展规划，用地权属无争议，已按要求划定和公开绿线范围。

第二，湿地生态系统或主体生态功能具有典型性，或者湿地生物多样性丰富，或者湿地生物物种独特，或者湿地面临面积缩小、功能退化、生物多样性减少等威胁，具有保护紧迫性。

第三，湿地面积占公园总面积 50% 以上。

（二）城市湿地公园的分类

1.按城市湿地的成因划分

（1）天然湿地公园

天然湿地公园是指将原有的自然湿地区域进行开发的城市湿地公园，一般规模较大的湿地公园都属于天然湿地公园类型。

（2）人工湿地公园

人工湿地公园是指利用人工湿地及人工兴建开发的城市湿地公园，如以灌溉、水电开发、防洪等目的建造的湿地公园，都属于人工湿地公园。

2.按城市与湿地位置关系划分

（1）城中型

湿地公园位于城市建成区内，湿地公园的生态属性相对薄弱，在城市中的社会属性，如休闲娱乐较为主要。

（2）近郊型

湿地公园位于城市的近郊，湿地公园的生态属性较城中型更明显。

（3）远郊型

湿地公园位于城市的远郊，湿地公园的生态属性较为主要。

3.按湿地资源状况划分

（1）海滩型

海滩型城市湿地包括低于 6 m 的永久性浅海水域，包括一些海峡、海湾。

（2）河滨型

河滨型城市湿地包括河流及其支流，以及间歇性、定期性的河流，也包括人工运河、灌渠，以及低潮时水位溪流、瀑布、季节性河口三角洲水域。

（3）湖沼型

利用大片湖沼湿地建设的城市湿地公园，包括永久性淡水湖、间歇性淡水湖、漫滩湖泊，季节性、间歇性的咸水、碱水湖及其浅滩，高山草甸，融雪形成的暂时性水域，以及以灌丛沼泽、灌丛为主的无泥炭积累的淡水沼泽等。

4. 按游憩内容划分

（1）自然型

完全处于自然生态状态的湿地公园，多属于生态保护型湿地，可供城市居民参观、游憩，湿地功能完善，并反映出自然湿地的特征，具有自然演替的功能。

（2）恢复型

原本属于湿地范畴，但由于建设造成湿地性质消失，后来又人工恢复，具有湿地外貌，有一定的湿地功能。

（3）展示型

具有湿地的外貌，但自然演替的功能不完备，人们用生态学的手法和技术手段向游人进行展示，只是想通过此类湿地向城市居民演示完整的湿地功能，具有教育、普及宣传的作用。

（4）污水净化型

用于污水的净化与水资源的循环利用，属于湿地范畴，有一定的湿地生态功能。

（三）城市湿地公园景观营造的原则

1. 生态关系协调原则

生态关系协调原则是指，人与自然环境、生物与环境、城市经济发展与自然资源环境，以及生态系统之间的协调关系，人只是这一系统的一个微小部分。要合理适度地在设计营造中对湿地发展加以引导，而不是企图改变、强制、霸占，才能保持设计系统的自然生态性。

2.适用性原则

不同湿地类型具有不同的系统设计目标，每种湿地类型所处位置不同，因此，在各类型的湿地景观营建中，设计要因地制宜，具体问题具体分析，遵循区域性的适用原则。

3.综合性原则

城市湿地公园的建设涉及的研究内容有很多，如生态学、环境学、经济学等多方面的知识体系，具有高度的综合性原则。这就需要研究者多学科的相互协作和合理配置。

4.景观美学原则

在充分考虑了湿地生态多样性功能外，还需注重景观美学的设计，同时兼顾人们的审美要求及旅游、科普的价值。景观美学原则主要体现在湿地景观的独特性、可观赏性、教育性等方面，是湿地公园重要的价值体现。

（四）城市湿地公园的功能分区

1.重点保护区

对保存较为完整、生物多样性丰富的重点湿地，应当设置为重点保护区。重点保护区是城市湿地公园的基础，也是不可缺少的标志性区域。重点保护区内，主要为珍稀物种的生存和繁衍提供良好的生态环境，设置禁入区，同时应当将候鸟及繁殖期的生物活动区设置为季节性禁入区。城市湿地公园中重点保护区应不少于整个公园面积的10％，并且区域内只能进行湿地科研、观察保护的工作，通过设置一些小型设施，为各种生物提供优良的栖息环境。

2.游览活动区

在保护生态湿地环境的基础上，可以在湿地敏感度低的区域建设供游人活动的区域，开展以湿地为主体的休闲、娱乐活动。要根据区域的地理环境及人文情况等因素来控制游览活动的强度，安排适度的游憩设施，避免人类活动对湿地生态环境造成破坏。

3. 资源展示区

资源展示区主要展示的是湿地生态系统、生物多样性和湿地自然景观，不同的湿地具有不同特色的资源和展示对象，可开展相应的科普宣传和教育活动。该区域通常建立在重点保护区外围，同样需要加强湿地生态系统的保护和恢复工作。区域内的设施不宜过多，且设施内容要以方便特色资源观赏和科普教育为主。

4. 研究管理区

研究管理区应设在湿地生态系统敏感度较低、靠近交通道路的地方。该区域主要供公园内研究管理人员工作和居住，建议管理建筑设施应尽量占地少、消耗能源少、密度低。

（五）城市湿地公园的营建方法

1. 湿地公园的选址

湿地公园的选址应主要考虑地域的自然保护价值、植物生长的限制性、土壤水体各个基质、土地利用变化的环境影响，以及一些社会经济因素等。特别是应注重目前可利用的资源是否满足湿地生境的建设条件、场地现状及周围城市环境风貌的协调等问题。

一般宜选在非市中心地带，交通方便并且远离城市污染区的地方。为了满足湿地植物生长及生态环境的要求，最好选择在河道、湖泊等上游地势低洼地带，并且有丰富的地形地貌。确定湿地公园选址的一般方法有：①实地考察；②编制可行性报告；③湿地公园选址评价。

2. 保持湿地系统连续性和完整性的设计

湿地系统是一个较为复杂多样的生态系统，在对湿地景观进行整体设计时，应该综合考虑各个因素，以保护生态系统为基础，从整体营造和谐的景观感受，包括设计的内部结构、形式之间的和谐，力求维护湿地生态环境的连续性和完整性。

（1）湿地公园景观设计前做好对原有湿地场地环境的调查

湿地公园景观设计应对原有湿地场地环境进行调查研究，包括区域的自然环境及其周边居民生活环境情况的调查，特别是对原有湿地的水体、土壤、植物，以及周围居民对景观的期望等要素进行详细调研。只有充分掌握了原生态湿地环境的情况，才能做好湿地景观设计，并能在设计中保持原有湿地生态系统的完整性，还原生态本身。要掌握当地居民的情况，才能在设计中考虑人的需求，在不破坏自然生态的同时满足人的需求，使人与自然和谐共处。还应进行合理的城市绿地系统规划，保持城市湿地和周围自然环境的连续性，保证湿地生态廊道的畅通。

（2）利用原有的景观因素进行设计来保持湿地的系统完整性

利用原有的景观因素，就是要利用原有的水源、植物、地形、地貌等构成的景观因素。这些因素是湿地生态系统的重要组成部分，但在不少设计中并没有充分利用这些因素，因此破坏了生态环境的完整及平衡，使原有的系统丧失整体性及自我调节能力。

3.植物设计

（1）植物配置原则

在考虑到植物的物种多样性和因地制宜的同时，尽量采用本土植物，因为它适应性强、成活率高。尽量避免引入外来物种或其他地域的物种，其可能难以适应异地环境，又或是因大量繁殖而占据本地植物的生存空间，导致本地物种在生态系统竞争中失败甚至灭绝。所以维持本土植物，就是维持当地自然生态环境的成分，保持地域性的生态平衡。

植物搭配除了要具有多样性外，对于植物搭配的层次也是很重要的，有挺水、浮水、沉水植物之别，还有乔灌木、草本植物之分，应将这些各种层次的植物进行搭配设计。另外，对植物颜色的搭配也很重要，在植物景观设计中，植物色彩的搭配直接影响整个空间氛围，不同的颜色可以突出景物，在视觉上也可以将设计的各部分连接成为一个整体。

从功能上可采用一些茎叶发达的植物来阻挡水流，有效地吸收污染物、沉降泥沙，给湿地景观带来良好的生态效应。

（2）湿地植物景观设计的要点

在湿地植物景观设计的布局中要注意：①平面上水边植物配置最忌等距

离的种植，应该有疏有密、有远有近、多株成片，水面植物还不能过于拥挤，通常控制在水面的30％～50％，留出倒影的位置；②立面上可以有一定起伏，在配置上由深到浅依次种植水生植物、耐水湿植物，高低错落，创造丰富的水岸立面景观和水体空间景观。还可建立各种湿地植物种类分区组团，随视线转换而变换景观，构成粗犷和细致的成景组合，在不同园林空间组成片景、点景、孤景，使湿地植物具有强烈的亲水性。

（3）湿地植物材料的选择

首先，选择植物材料时应避免物种的单一性和造景元素的单调性，应遵循"物种多样化，再现自然"的原则。第一，应考虑植物种类的多样性，体现"陆生—湿生—水生"生态系统的渐变特点和"陆生的乔灌草—湿生植物—挺水植物—浮水植物—沉水植物"的生态型造景元素；第二，尽量采用乡土植物，乡土植物具有很强的抗逆性，能够很好地适应当地的自然条件，慎用外来物种，维持本地原生植物。

其次，应注意到植物材料的个体特征，如株高、花色、花期、自身水深、土壤厚度等，尤其是挺水植物和浮水植物。挺水植物正好处于陆地和水域的连接地带，其层次的设计质量直接影响到水岸线的美观度，岸边高低错落、层次丰富多变的植物景观给人一种和谐的节奏感，令人赏心悦目；相反，若层次单一，则很容易引起视觉疲劳，无法吸引人的视线。浮水植物中，有些植物的根茎漂浮在水中，如凤眼莲、萍蓬草；有些则必须扎在土里，对土层深度有要求，如睡莲、芡实等。

（六）驳岸设计

驳岸环境是湿地系统与其他环境的过渡带，驳岸设计是湿地景观设计中需要精心考虑的内容。科学合理、自然生态的驳岸，是湿地景观的重要特征之一，对建设生态的湿地景观有重大作用。驳岸景观的形状是湿地公园的造景要素，应符合自然水体流动的规律走向，使设计能融入自然环境中，满足人们亲近自然的心理需求。

1.目前驳岸设计的不足之处

现在许多城市的水体驳岸设计多采用混凝土砌筑的方法，直接将水体与陆地僵硬地分化出来。这种设计破坏了天然湿地对自然环境所起的过滤、渗透等作用，破坏了自然景观；而有些设计只是在护岸边铺上大片的草坪，这样的做法只是盲目地追求绿化率，增加绿色视觉效果，并没有起到保护生态与景观环境的作用。对于人工草坪的养护工作量比较大，因为它们的自我调节能力比较差，而养护中喷洒药剂残留的化学物质会对水体造成污染。

2.驳岸设计的原则

（1）突出的生态功能

驳岸的设计应保持显著的生态特性，驳岸的形态通常表现为与水边平行的带状结构，具有廊道、水陆过渡性、障碍特性等。在形态设计上，应随地形尽量保护自然弯曲的形态，力求做到区域内的收放有致。

（2）景观的美学原则

要重视景观视觉效果，驳岸的景观创造应依据自然规律和美学原则，在美学原则中遵循统一和谐、自然均衡的法则。通过护岸的平面纵向形态规划设计，创造出护岸的美感，强化水系的特性。例如，对护岸的一些景观元素，如植物、铺装、照明等设计。

（3）增加亲水性

在驳岸的设计中，应在遵循生态、美学特性的同时，分析人们的行为心理，驳岸的高度、陡峭度、疏密度都决定了人们对于湿地的亲近性。在对驳岸进行整体性设计上，应选择在合理的行为发生区域进行合理的驳岸空间形态设计，并促进人们亲水行为的发生，包括注重残疾人廊道的设计。

3.湿地驳岸的设计形式

（1）自然式护岸

自然式护岸是运用自然界物质形成坡度较缓的水系护岸，是一种亲水性强的岸线形式。多运用岸边植物、石材等，以自然的组合形式来增加护岸的稳定性。自然式护坡设计就是希望公园的水体护坡工程措施要便于鱼类及水中生物的生存、便于水的补给，景观效果也应尽量接近自然状态下的水岸。

（2）生物工程护岸

生物工程护岸是指当岸坡坡度超过自然土地，为不稳定状态的时候，可用一些原生纤维，如稻草、柳条、黄麻等纤维制作垫子，将它们铺盖在土壤上来阻止土壤的流失和边坡的侵蚀。当这些原生纤维逐渐被降解，最终回归自然时，湿地岸边的植被已形成发达的根系并保护坡岸了。

（3）台阶式人工护岸

该护岸可运用于各种坡度的岸边，一方面它能抵抗较强的水流冲蚀；另一方面有利于保护植物的根系生长，并能在水陆间进行生态交换。

（七）水质维护的设计

水是湿地形成、发展、演替、消亡与再生的关键，是湿地景观的灵魂所在。所以，水质需要通过一些措施来管制。要实现水的循环，可以在工程技术上改善湿地地表水和地下水之间的联系，使地表水和地下水能够相互补充；另外，在景观设计上可以利用跌水或喷泉的形式来增加水的流动感。

对于人工湿地，可以采取适当的方式形成地表水对地下水的有利补充。目前普遍的做法是将雨水收集后进入预沉淀池、渗透池或过滤池、管道等雨水收集处理系统，达到有效控制和去除雨水径流中较大悬浮颗粒的作用。为了有效地从径流中捕获和去除这类污染物，可采用人工湿地来处理，将地表径流管理的设计有机地融入景观设计中，从整体的角度出发，确保湿地水资源合理与高效的可持续利用。

（八）道路交通的设计

道路交通是湿地公园设计中的重要一环，它关系到游线的组织和游客游览的心理感受，既给人们提供欣赏景观的路径空间，也是造园的基础设施。湿地公园内的道路系统不必拘泥于某种形式，只需要在尊重自然生态的条件下合理、综合地解决交通问题，即以生态为核心，以水景为重点，设计幽曲、舒适的人性化游步道。对临水地带环境氛围要重点呵护，将湿地的景观及人们的活动空间在交通道路中串联起来。其设计要素有以下三点。

1. 游步道

湿地公园里的步道设计应与整个公园湿地景观与水岸景观相交融。在设计时，既不要紧邻水岸线让人产生单调感，也不要疏远水岸线。要对公园游步道有整体把握，可根据水岸线的形态特征进行合理的、开合有致的道路设计，让游客可以有临水欣赏景观的空间，感受着湿地公园内的自然生态之美。同时，在一些地方道路与水面不宜接近，避免步道对水体的造成干扰。另外，道路与水面间的距离感可以使人们对景观有所期待，在景观的藏和露之间有一种"千呼万唤始出来，犹抱琵琶半遮面"的感受。

2. 木栈道

木栈道运用在景观中常与水景搭配，营造出一种别具风情的水岸景观。由于木质的特性，木道更容易与植物、水体融为一体，增添了人们对湿地景观的亲切感。木栈道作为一种路径空间，首先，它是一种交通要素，引导人群园内的活动流向。木栈道可延伸到水面，给人一种延伸感，并增加了人与水的互动。木栈道可以临水而设，也可以和水面形成一定的落差，根据空间组织的需要进行灵活搭配。人们可以通过木质栈道在水生植物丛和水面中穿行，欣赏植物的曼妙姿态，更容易感受到自然生态的生境带给人们的惬意感。另外，架空的木栈道对水生环境的干扰小，通过对水面空间和植物群落进行分隔，形成丰富多样的小环境，给人多样的视觉感受。

3. 桥

桥在湿地公园景观中是水面重要的风景点缀，中国造景中常设置小桥流水的优美景致。桥在景观的实际运用中往往能成为视觉焦点，它能丰富空间的层次，在水环境中能在近景和远景之间起到中景的衬托作用，同时具有空间过滤和连接的作用。桥的材质有木质、石质、混凝土浇筑等，造型上有平桥、曲桥、拱桥等，在选择上应尽量接近自然的形式来建造，更能与整体景观的自然、生态氛围一致。

三、规划措施

（一）环境污染的整治与处理

1. 防治空气污染

改善周边环境空气质量，以确保湿地内空间环境的质量；加强外围防护林的建设，并严格控制外来机动车进入，内部交通以船、电瓶车为主；提高绿化覆盖率，发挥植物净化空气的作用。

2. 控制噪声污染

加强外围防护林的建设，减少城区交通干线的噪声。湿地内部交通以低噪声车、船为主，全区禁止鸣笛，形成清幽、有利于生物栖息的优质环境。

3. 处理固体废物污染

对拆迁村落遗留下来的建筑废弃物、生活垃圾进行合理的分类清运，对农业固体废弃物进行必要的清理和生态处理。配备水体垃圾打捞及地面保洁的专业工具和人员。

（二）生态系统的保护与完善

1. 保护生物物种、群落和遗传多样性

为各类湿地生物的生存提供最大的生存空间。生态保护培育区设有以水域为主的禁入区，这样可确保一定范围内不受外界的干扰，使湿地生物物种能自由地觅食、产卵、栖息。同时可结合局部水体环境的整治和改造，形成适宜鸟类生存的聚集地，为更多生物提供栖息空间。

2. 保护生态系统的连贯性

首先，保护湿地与周边环境的连续性，加强湿地与周边水体、山体环境的联系，形成并扩大和谐的生态系统；其次，保证湿地内部生物生态廊道的畅通，为各种生物提供栖息场所及迁徙通道；最后，通过建立生态廊道来实现生物多样性保护、河流污染控制等多种生态功能。

3. 保持湿地资源的稳定性

保持湿地水体、生物、矿物等各种资源的平衡与稳定，并且避免各种资

源的贫瘠化，确保湿地公园的可持续发展。

（三）植被的修复与规划

1. 恢复植物生长的环境

由于防洪固堤的需要，湿地内，特别是村庄附近有相当一部分的砌石驳岸，这种硬质的驳岸阻隔了水陆边界的联系。应拆除非自然材料的护岸，恢复成自然斜坡，形成湿地的自然环境。对驳岸的处理有三个思路。

（1）缓坡驳岸

水面大的河岸可以采用缓坡的形式，形成不同的水深和植被带，来吸引不同的动植物。

（2）植物型护坡

较窄较浅的河岸可采用植物护岸，利用不同植物的特性结合阶梯种植，如大片浮水植物或挺水植物都能较好地减缓水浪对堤面的破坏。

（3）辅助措施护坡

如果河岸坡度较陡、河水相对较深，可采用柳桩或松木桩固岸，再结合种植形成较好的景观效果。

2. 恢复湿地典型植被群落

建设以草本植物为主体的湿地植被系统，以带状或片状配置湿生植物以形成典型的湿地植被景观。一方面，保护和大面积种植芦苇、白茅、狗尾草等植物，使禾草、高草湿地植被群落发挥护岸固堤、净化水质的作用；另一方面，可以在水体中培育各类的沉水、浮水、浮叶型植物群落。

3. 防止外来物种入侵

提倡选用当地乡土物种，因为一旦引入外来物种后，有可能因为新的环境中没有与之抗衡或制约它的生物，使这个引入物种成为入侵者，打破原有的生态平衡，改变或破坏了生态环境。因此，对于植物的选择，除了少数人工环境外，应选择本土植物，有助于维持自然生态环境、生物多样性。

（四）水环境的治理和整合

实现水的自然循环，改善湿地地表水与地下水之间的联系，使地表水和地下水能够相互补充，并且能增加湿地水体的流动性。

2.从整体的角度出发，对周边地区的排水及引水系统进行调整，确保湿地水资源的合理、高效利用；保持区域水面面积，局部地区形成开阔的水面，严格控制随意填塘，保持良好的湿地生态环境。

在竖向设计上，根据地形高差的变化，在有坡度区域设置生态过滤系统，将雨水进行净化处理，保障水系统的循环，在斜坡处设置平坦的渗水区，使水能充分渗透到土壤中，被土壤和植物吸收。

加强水体沟通能力，开挖断头的河道，消除死水区。对那些农居较密集区域的局部河段进行重点处理，清除池塘污染底泥，加强水系的沟通；加强湿地内部水网与和谐示范区中心水网的联系，通过错综复杂的线性穿插形成高密度的绿色生长体系。

参 考 文 献

[1] 周增辉，田怡. 园林景观设计 [M]. 镇江：江苏大学出版社，2017.

[2] 王红英. 园林景观设计 [M]. 北京：中国轻工业出版社，2017.

[3] 欧阳淑欢，李镇镜. 现代园林艺术与景观设计创新 [M]. 昆明：云南科技出版社，2020.

[4] 何雪，左金富. 园林景观设计概论 [M]. 成都：电子科技大学出版社，2016.

[5] 黄莉群. 生态园林 [M]. 济南：山东美术出版社，2006.

[6] 朱宇林，周兴文. 基于生态理论下风景园林建筑设计传承与创新 [M]. 长春：东北师范大学出版社，2019.

[7] 路萍，万象. 城市公共园林景观设计及精彩案例 [M]. 合肥：安徽科学技术出版社，2018.

[8] 李玉平. 城市园林景观设计 [M]. 北京：中国电力出版社，2017.

[9] 丁炜. 生态理念下现代城市园林景观设计的重要性解析 [J]. 中国住宅设施，2021（04）：1-2.

[10] 雷琳佳. 城市园林景观设计中水景的营造方法探析 [J]. 江西建材，2021（04）：247，249.

[11] 刘仰峰，李臻. 基于低碳理念城市园林植物景观设计的探讨 [J]. 现代园艺，2021，44（08）：60-61.

[12] 唐晔芝. 基于生态理念下现代城市园林景观设计研究 [J]. 明日风尚，2021（08）：90-92.

[13] 石雨薇，闫晓云. 可持续发展理念下城市园林景观设计探讨 [J]. 河北农机，2021（04）：118-119.

[14] 庄志勇. 园林植物在城市景观设计中的具体运用 [J]. 建筑经济，2021，42（04）：157-158.

[15] 李彦民. 城市建设的环保与节约型生态园林景观规划设计探析 [J]. 农业开发与装备，2021（03）：112-113.

[16] 刘艳娟. 城市园林景观规划和设计的可持续发展思考 [J]. 低碳世界，2021，11（03）：252-253.

[17] 许鲁杰. 生态园林城市道路建设景观文化特色设计探讨 [J]. 现代园艺，2021，44（06）：66-67.

[18] 许衡. 海绵城市理论在小区园林景观设计中的应用 [J]. 现代园艺，2021，44（06）：92-93.

[19] 王磊. 可持续发展理念下城市园林景观设计探讨 [J]. 住宅与房地产，2021（06）：101-102.

[20] 巩冰冰. 城市规划中园林景观设计的运用 [J]. 农家参谋，2021（02）：151-152.

[21] 张秩波. 园林花卉在城市绿化景观设计中的应用 [J]. 海峡科技与产业，2021，34（01）：72-74.

[22] 陈鑫娇. 低碳理念在城市园林植物景观设计中的运用 [J]. 现代园艺，2020，43（24）：50-51.

[23] 苏美和. 城市居住区园林景观规划设计原则与设计方法浅析 [J]. 南方农业，2020，14（36）：22-23.

[24] 张岩. 可持续发展理念下城市园林景观设计探讨 [J]. 南方农业，2020，14（36）：30-31.

[25] 路志霞. 试论低碳理念在城市园林植物中的作用 [J]. 河南农业，2020（35）：17-18.

[26] 张艳波. 城市园林景观中道路与广场的绿地设计研究 [J]. 居舍，2020
（35）：113-114，168.

[27] 张心怡. 生态优先理念下现代城市园林景观设计的重要性分析[J]. 居舍，
2020（35）：115-116.

[28] 许磊. 基于生态修复理论的城市滨水绿地植物群落景观设计 [D]. 安徽
农业大学，2020.

[29] 刘兆硕. 城市滨水生态廊道景观设计研究 [D]. 东南大学，2019.

[30] 刘丹. "立体绿化"设计在城市中的运用研究 [D]. 重庆大学，2017.

[31] 郑爽. 环境伦理学在当代城市景观中的运用研究 [D]. 西安建筑科技大
学，2016.

[32] 刁文燕. 城市滨水风景区园林景观的规划 [D]. 青岛理工大学，2013.

[33] 任涛. 城市园林景观中道路与广场的绿地设计研究 [D]. 西安建筑科技
大学，2012.

[34] 卢珊. 城市园林水景设计 [D]. 天津科技大学，2010.

[35] 鲁菁. 城市生态公园景观设计方法研究 [D]. 武汉理工大学，2009.

[36] 王珲. 城市开放式管理的公共绿地的节约性设计研究 [D]. 南京林业大
学，2008.

[37] 王乾宏. 结合生态学思想探析城市园林景观的营造 [D]. 西北农林科技
大学，2007.

[38] 赵千瑜. 低碳理念下城市园林植物景观设计研究 [J]. 山西建筑，
2021，47（10）：159-161.